Michael Schabacker

Solid Edge – kurz und bündig

Grundlagen für Einsteiger

Herausgegeben von Sándor Vajna

Studium Technik

vieweg

Bibliografische Information Der Deutschen Bibliothek
Die Deutsche Bibliothek verzeichnet diese Publikation in der Deutschen Nationalbibliografie; detaillierte bibliografische Daten sind im Internet über <http://dnb.ddb.de> abrufbar.

1. Auflage Dezember 2005

Lektorat: Thomas Zipsner

Der Vieweg Verlag ist ein Unternehmen von Springer Science+Business Media.
www.vieweg.de

Umschlaggestaltung: Ulrike Weigel, www.CorporateDesignGroup.de
Technische Redaktion: Hartmut Kühn von Burgsdorff, Wiesbaden
Druck und buchbinderische Verarbeitung: MercedesDruck, Berlin
Gedruckt auf säurefreiem und chlorfrei gebleichtem Papier.
Printed in Germany

ISBN 3-528-03996-5

Vorwort

Am Lehrstuhl für Maschinenbauinformatik der Otto-von-Guericke-Universität Magdeburg werden Studenten seit mehr als zehn Jahren an führenden 3D-CAD/CAM-Systemen mit dem Ziel ausgebildet, Grundfertigkeiten in der Anwendung der CAD/CAM-Technologie zu erwerben, ohne sich dabei nur auf ein einziges System zu spezialisieren. Dazu nutzen die Studenten die gleichen Übungsbeispiele auf mindestens vier verschiedenen 3D-CAD/CAM-Systemen, um die jeweiligen Vor- und Nachteile der einzelnen CAD/CAM-Systeme für spezifische Anwendungsgebiete kennenzulernen. Das vorliegende Buch nutzt die vielfältigen Erfahrungen, die während der Ausbildung in Solid Edge gesammelt wurden.

Der Anspruch des Buches „kurz & bündig" kann nur eine Auswahl der grundlegenden Elemente von Solid Edge V 17 abbilden. Der Fokus liegt daher auf einer kurzen, verständlichen Darstellung der grundlegenden Modellierungstechniken, beginnend mit einfachen Bauteilen. Somit kann der Leser parallel zu den erläuterten Funktionen diese sofort praktisch anwenden und das Erlernte festigen.

In den ersten beiden Kapiteln werden aus einfachen 2D-Konturen mit Hilfe des Ausprägungs- und Skizzier-Modus sowie einfachen geometrischen Formelementen (Features) wie z. B. Bohrungen, Fasen und Verrundungen 3D-Modelle erzeugt. Im dritten Kapitel werden Einzelteile einer Baugruppe modelliert, in denen einige vorher behandelte Formelemente und unterschiedliche Einstellungsmöglichkeiten (z. B. für Abmaße) vertieft sowie weitere geometrische Formelemente (z. B. Erzeugung assoziativer Kopien von Bohrungen) behandelt werden. Im vierten Kapitel werden die Einzelteile mit verschiedenen Beziehungstypen (z. B. An-/Aufsetzen von Flächen, planares Ausrichten von Flächen) zu einer Baugruppe verknüpft. Im fünften Kapitel wird die Ableitung technischer Zeichnungen behandelt. Um das Erlernte aus den vorigen Kapiteln weiter zu festigen, werden im sechsten Kapitel Blechteile modelliert und verknüpft sowie anschließend mit der Blechteilmodellierungstechnik (Sheet Metal) aus Solid Edge abgewickelt. Im letzten Kapitel werden verschiedene spezielle Solid Edge-Funktionen (Erstellung von Wölbungen, Formschrägen, dünnwandige Bauteilen, Rippen, Versteifungsnetzen, Lüftungsgittern, Lippen und Befestigungsdomen) vorgestellt.

Das Buch wendet sich an Leser mit keiner oder geringer Erfahrung in der Anwendung von 3D-CAD/CAM-Systemen. Es soll das Selbststudium unterstützen und zu weiterer Beschäftigung mit der Software anregen.

Durch den Aufbau des Textes in Tabellenform und die zahlreichen Abbildungen ist dieses Buch sehr gut als Schritt-für-Schritt-Anleitung geeignet, kann darüber hinaus auch als Referenz für die tägliche Arbeit mit dem System genutzt werden.

Besonderer Dank der Autoren gilt den Herren Dipl.-Ing. Reinhard Ledderbogen und cand. mach. Stefan Paczulla für die kreative Unterstützung bei der Erstellung des Manuskripts sowie Herrn Thomas Zipsner und allen beteiligten Mitarbeitern des Vieweg-Verlages Lektorat Technik für die konstruktive und freundliche Zusammenarbeit. Die Autoren sind auch dankbar für jede Anregung aus dem Kreis der Leser bezüglich Inhalt, Darstellung und Reihenfolge der Modellierung mit Solid Edge.

Magdeburg, im Oktober 2005

Dr.-Ing. Dipl.-Math. Michael Schabacker Univ.-Prof. Dr.-Ing. Sándor Vajna

Inhaltsverzeichnis

1 Einführung

Das Einführungskapitel gliedert sich in mehrere Abschnitte. Nach einer kurzen Klärung der verwendeten grundlegenden Begriffe erfolgt die Erläuterung der Benutzungsoberfläche von Solid Edge V17. Hier werden nacheinander alle einzelnen Menüpunkte und die vorhanden Buttons mit ihren Funktionen vorgestellt. Den Anschluß bildet eine einfache Modellierungsaufgabe, welche es dem Anwender ermöglicht, sofort praktisch tätig zu werden und die zuvor erläuterten Menüpunkte zu nutzen und auszuprobieren. Wie bei jedem Kapitel bildet eine kurze Zusammenstellung einfacher Kontrollfragen den Abschluß. Diese sollen dem Anwender als Selbstkontrolle zum vermittelten Inhalt des Kapitels dienen.

1.1 Grundlegende Begriffe

Button	Taste
Doppelklick	Zweifache Betätigung einer Maustaste
(Erläuterung)	Erläuterung einer Aktion zum besseren Verständnis
freies Digitalisieren	Festlegen von Koordinaten durch Mausklick in den Grafikbereich
Funktion	Modellierungsfunktion (siehe Bildschirmaufteilung)
selektieren	Auswählen eines Geometrieobjektes mit der Maus
Vorgabewert	Vorgegebener Wert, der verändert werden kann
<Wert>	Tastatureingabe eines Zahlenwertes
<"Wert">	Tastatureingabe der Zeichenkette „Wert“
⇒	Trennung zwischen zwei Aktionen
/	Kurzform für „oder“

1.2 Starten von Solid Edge für 3D-Modellierung

Button START ⇒ CAD ⇒ PROGRAMME ⇒ SOLID EDGE V17 ⇒ PART

(bzw. Solid Edge Assembly für Zusammenbau, Solid Edge Draft für Zeichnungserstellung, Solid Edge Sheet Metal für Blechbearbeitung)

1.3 Anwendungen in Solid Edge V17

Für die Erstellung von Teilen, Baugruppen und Zeichnungen sind jeweils andere, eigene Befehle notwendig. In Solid Edge existieren für die unterschiedlichen Aufgaben verschiedene Arbeitsumgebungen. Zur Speicherung der Daten aus den verschiedenen Arbeitsumgebungen stehen jeweils andere Dateitypen zur Verfügung:

Solid Edge speichert die CAD-Dateien als <name>.Erweiterung. Die Dateierweiterung ist abhängig von der jeweils aktiven Anwendung.

Anwendung	**Funktion**	**Dateierweiterung**
Solid Edge Draft	Zeichnungserstellung	.dft
Solid Edge Part	Modellierung Einzelteile	.par
Solid Edge Sheet Metal	Modellierung Blechteile	.psm
Solid Edge Assembly	Modellierung Baugruppen	.asm

1.4 Benutzungsoberfläche in Part

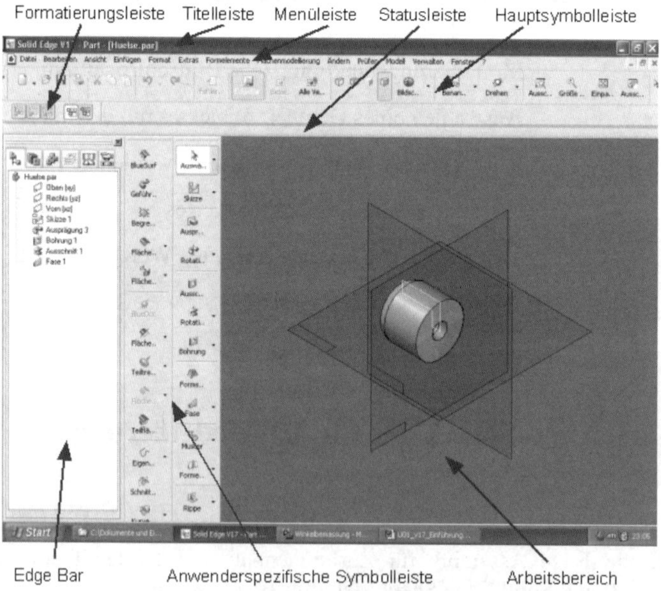

Titelleiste	enthält den Namen der aktiven Umgebung und des aktiven Dokuments (Part, Draft, Sheet Metal, ...).
Menüleiste	enthält alle verfügbaren Befehle in Pull-Down-Menüs.
Hauptsymbolleiste	enthält Befehle für die am häufigsten verwendeten Windows- und Solid Edge-Funktionen. Wird der Mauszeiger auf einen Button bewegt, erscheint eine Kurzinfo mit der Funktion der Taste.
Formatierungsleiste	dynamische Symbolleiste, deren Inhalt sich dem gegenwärtig verwendeten Befehl anpasst.
Anwendungsspezifische Symbolleiste	enthält Befehle für die wichtigsten verwendeten Funktionen der jeweiligen Anwendung. Mit „Rechtsklick -> Anpassen" ist Inhalt und Darstellung (z. B. Symbolgröße) veränderbar. Wird der Mauszeiger auf einen Button bewegt, erscheint eine Kurzinfo mit der Funktion der Taste.
Arbeitsbereich	Hauptteil des Solid Edge-Fensters. In der Part- oder Assembly-Umgebung werden die Basisreferenzebenen angezeigt. In der Draft-Umgebung werden mit Registern versehene Zeichnungsblätter angezeigt.
Statusleiste	enthält wichtige Informationen und Meldungen.
EdgeBar  	enthält Informationen über den Aufbau des Bauteils. Die EdgeBar wird mit dem Button in der Hauptsymbolleiste aktiviert. Siehe 1.6

Die Benutzeroberfläche kann analog zu anderen Windows-Anwendungen eingerichtet und verändert werden.

Die Schaltflächen können mehrfach belegt sein. Dies wird durch einen schwarze Pfeil rechts am Button angezeigt. Mehrfachfunktionen können durch Anklicken des Pfeils mit der linke Maustaste  aufgerufen werden (Flyout-Button). Aufgrund der Mehrfachbelegung sind diese Buttons im Folgenden ausgefahren dargestellt.

1.5 Mausbelegung

Die linke Maustaste  kann für folgende Vorgänge verwendet werden:

- Ein Element durch Klicken markieren.
- Mehrere Elemente durch Ziehen und Einzäunen markieren.
- Ein ausgewähltes Element ziehen.
- Klicken oder Ziehen, um ein Element zu zeichnen.
- Auswahl eines Befehls im Menü oder in der Symbolleiste.
- Doppelklicken, um ein eingebettetes oder verknüpftes Objekt zu aktivieren.

Die rechte Maustaste  kann für folgende Vorgänge verwendet werden:

- Ein Kontextmenü anzeigen (siehe Bild).

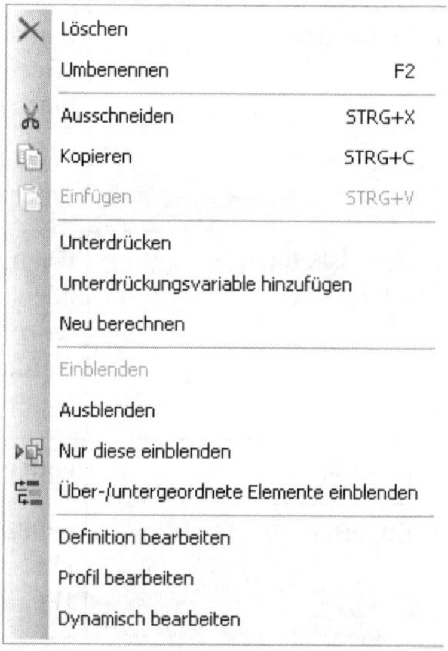

Kontextmenüs sind umgebungsabhängig. Die Befehle im Menü hängen von der aktuellen Mauszeigerposition und ggf. der Elementwahl ab.

- Einen Befehl neu starten.

Mit der Maus können auch Objekte identifiziert werden. Wird der Mauszeiger auf dem Zeichenblatt bewegt, werden Objekte unter dem Mauszeiger farblich hervorgehoben, womit angezeigt wird, dass sie identifiziert wurden. Wird der Mauszeiger von einem so markierten Objekt wegbewegt, erscheint es wieder in der ursprünglichen Farbe.

1.5.1 Auswahl in 2D-Umgebungen

In einem Profilfenster oder der Draft-Umgebung befindet sich am Pfeilende der Anzeiger für die Lokalisierungszone. Beim Verschieben der Maus wird jedes Element, über das dieser Anzeiger bewegt wird, in der Markierungsfarbe angezeigt.

1.5.2 Auswahl mittels QuickPick

Beim Auswählen eines Elementes oder Objektes, das sich nicht eindeutig mit dem Mauszeiger markieren lässt, geschieht dies mit Hilfe der QuickPick-Symbolleiste. Werden Auslassungspunkte (...) am Mauszeiger angezeigt, wird die rechte Maustaste betätigt, um die QuickPick-Symbolleiste anzuzeigen. Beim Verschieben des Mauszeigers über die einzelnen Schaltflächen dieser Symbolleiste wird eines der überlappenden Elemente markiert.

 Rechtsklick ⇒

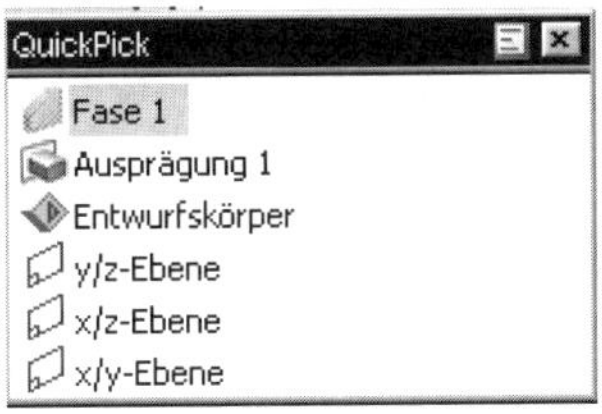

1.6 Anlegen neuer CAD-Dateien

DATEI ⇒ NEU ⇒ Auswählen der Dateiart ⇒ OK.

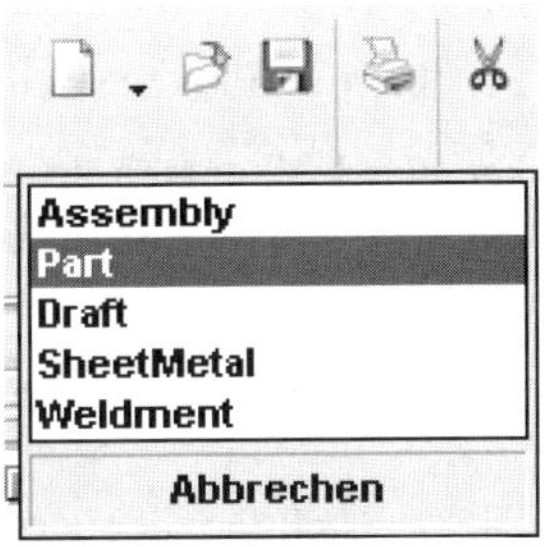

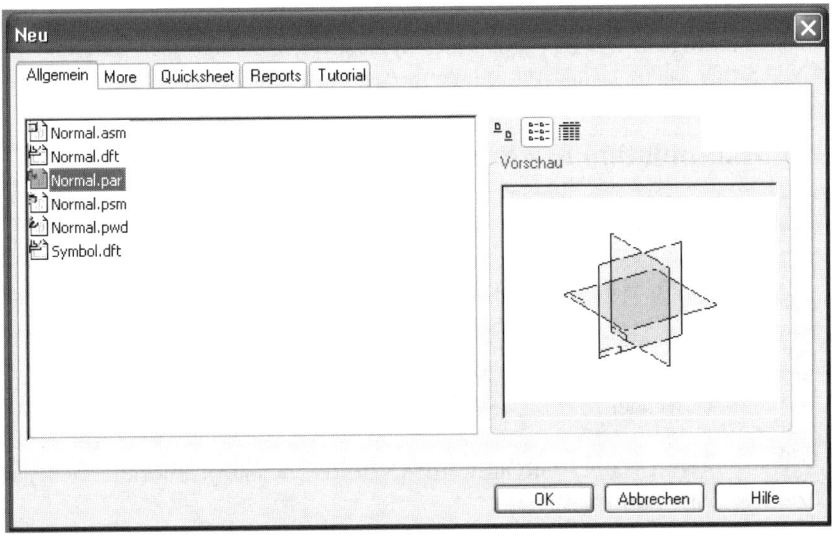

1.6.1 Öffnen bestehender CAD-Dateien

DATEI ⇒ ÖFFNEN ⇒ Datei auswählen ⇒ ÖFFNEN.

1.6.2 Speichern der Dateien

DATEI ⇒ SPEICHERN UNTER... „<Name>“ eingeben und bei Bedarf Pfad ändern ⇒ SPEICHERN.

DATEI ⇒ SPEICHERN speichert die Datei.

1.7 Bauteilinformationen

Unter

PRÜFEN ⇒ PHYSISCHE EIGENSCHAFTEN

kann nach Eintragen der Dichte (auch andere Einheit möglich) u.a. die Masse abgelesen werden. Ebenso stehen hier die Trägheitsmomente zur Verfügung.

1.8 Systemeinstellungen

Die Einstellung der Systemoptionen erfolgt unter EXTRAS ⇒ OPTIONEN. Neben allgemeinen Windows-Optionen wie Nutzerinfo und Dateiablage erfolgt in diesem Menü die Einstellung der Systemfarben und der Beziehungstypen zwischen Einzelteilen. Die Anpassung der Symbolleisten erfolgt über EXTRAS ⇒ ANPASSEN analog zu anderen Windows-Anwendungen.

1.9 Manipulation der Bildschirmdarstellung

1.9.1 Zoomfunktionen

ANSICHT ⇒ AUSSCHNITTVERGRÖSSERUNG ⇒ mit gedrückter  Fenster aufziehen.

Alternativ: Button „Ausschnittvergrößerung“ in Hauptsymbolleiste verwenden

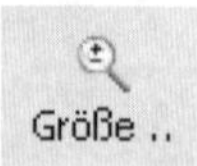

ANSICHT ⇒ GRÖßE VERÄNDERN ⇒ mit gedrückter  dynamisch Zoomen.

Alternativ: Button „Größe verändern“ in Hauptsymbolleiste verwenden

ODER: Scrollrad der Mouse verwenden

ANSICHT ⇒ EINPASSEN ⇒ Zoomfaktor wird an Fenstergröße angepasst.

Alternativ: Button „Einpassen“ in Hauptsymbolleiste verwenden

1.9.2 Verschieben des Bildausschnitts (Pan)

ANSICHT ⇒ AUSSCHNITT VERSCHIEBEN ⇒ mit gedrückter  nach links/rechts oder oben/unten verschieben.

Alternativ: Button „Ausschnitt verschieben“ in Hauptsymbolleiste verwenden

1.9. 3 Dynamisches Drehen

ANSICHT ⇒ DREHEN ⇒ mit gedrückter  frei rotieren oder durch Klicken Rotationsachse auswählen und mit gedrückter  um diese rotieren (Rotationsachse kann auch Kante eines Körpers sein).

Alternativ: Button „Drehen“ in Hauptsymbolleiste verwenden

ODER: mit gedrücktem Scrollrad frei rotieren

Durch Starten eines beliebigen anderen Befehls wird der Befehl Drehen wieder aufgehoben.

1.9.4 Drehen nach Vorgabe

ANSICHT ⇒ ALLGEMEINE ANSICHTEN ⇒ Modell um fest definierte Kanten und Winkel drehen, ausgewählte Teilflächen zeigen.

Alternativ: Button „Allgemeine Ansichten“ in Hauptsymbolleiste verwenden

1.9.5 Einsatz eines 3D-Controllers (Spacemouse)

Ein 3D-Controller ist ein 3D-Eingabegerät, das die Bewegungen der Kappe in Translationen (X, Y und Z) und Rotationen (A, B und C) umwandelt. Auf diese Weise sind Bewegungen graphischer Modelle intuitiv in allen sechs Freiheitsgraden möglich.

Drücken der Kappe nach rechts/ links (X) bewirkt Bewegung horizontal im Raum.

Ziehen/Drücken der Kappe (Y) bewirkt Bewegung vertikal im Raum.

Heranziehen, bzw. Wegdrücken (Z) bewirkt Heraus- bzw. Hineinzoomen.

Das Kippen der Kappe bewirkt Rotation um die jeweilige Achse.

Der abgebildete Spacemouse enthält 9 frei programmierbare Tasten.

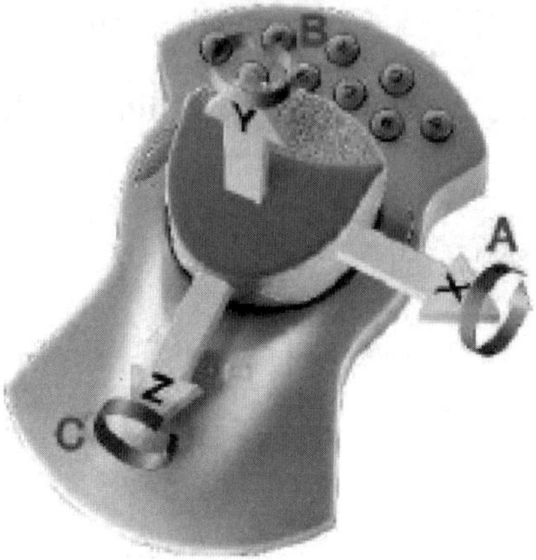

1.9.6 Modellansichten

Solid Edge stellt standardmäßig folgende fünf Ansichten zur Verfügung:

ANSICHT ⇒ BENANNTE ANSICHTEN

ODER: untenstehende Shortcuts

oben	Draufsicht des Modells	Strg+T
vorne	Vorderansicht des Modells	Strg+F
rechts	Rechte Seitenansicht des Modells	Strg+R
Iso	Isometrische Ansicht des Modells	Pos 1
links	Linke Seitenansicht des Modells	Strg+L

Die benannten Ansichten können gelöscht, neu definiert und durch weitere Ansichten ergänzt werden

Alternativ: Button „Benannte Ansichten“ in Hauptsymbolleiste verwenden

1.9.7 Schattieren

Durch Drücken der Button „Schattiert“ oder „Schattiert mit sichtbaren Kanten“ in Hauptsymbolleiste. Durch nochmaliges Drücken des Button „Schattieren“ wird Schattierung wieder aufgehoben. Einstellung von Lichtquellen, Farben etc. über FORMAT ⇒ ANSICHT...

Schattierung:

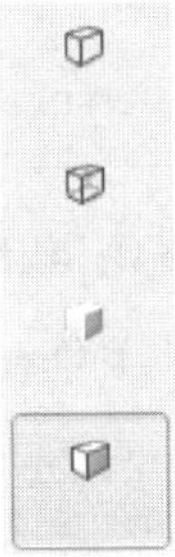

Sichtbare Kanten

Sichtbare und verdeckte Kanten

Schattiert

Schattiert mit sichtbaren Kanten

1.9.8 Aktualisieren der Bildschirmdarstellung

ANSICHT ⇒ AKTUALISIEREN

Alternativ: Funktionstaste F5

1.10 Hilfsfunktionen für das Modellieren

1.10.1 Löschen von Geometrieelementen

Element mittels Cursor oder EdgeBar auswählen

BEARBEITEN ⇒ LÖSCHEN

Alternativ: Objekt markieren ⇒ Entf

1.10.2 Rückgängigmachen von Aktionen

BEARBEITEN ⇒ RÜCKGÄNGIG

Alternativ: Button „Rückgängig“ in Hauptsymbolleiste verwenden

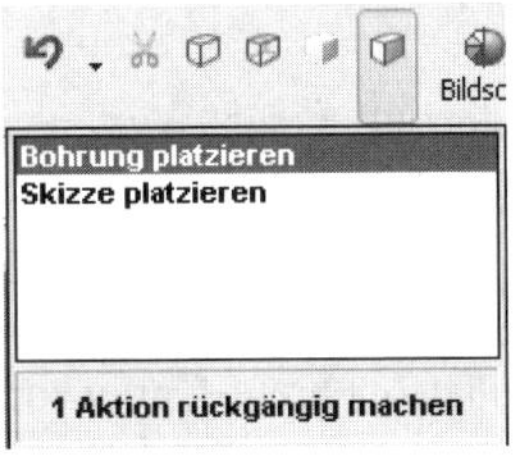

1.10.3 Messen geometrischer Größen

PRÜFEN ⇒ Art der Messung auswählen (Funktion wird in Statusleiste erläutert) ⇒ Bezugsobjekt mit Cursor auswählen

Rücksetzen mittels Button in Formatierungsleiste

1.10.4 Ein-/Ausblenden von Objekten

EXTRAS ⇒ ALLE EINBLENDEN ⇒ Objekte auswählen

EXTRAS ⇒ ALLE AUSBLENDEN ⇒ Objekte auswählen

1.10.5 Ändern von Elementeigenschaften

Die Einstellung von Objektfarben erfolgt über EXTRAS ⇒ OPTIONEN. Mittels FORMAT ⇒ TEIL FÄRBEN (hier können Körpern und Flächen Werkstoff-eigenschaften und -farben zugewiesen werden.)

Eine Einstellung von Layern und Linienfonts ist nur innerhalb des Moduls DRAFT möglich.

1.10.6 Auswahlmöglichkeiten in Solid Edge

Kontrollkästchen

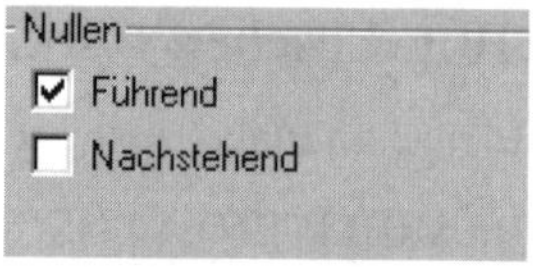

dienen zum Ein- und Ausschalten von Optionen. Ein Häkchen zeigt an, dass die Option eingeschaltet ist.

Runde Optionsfelder

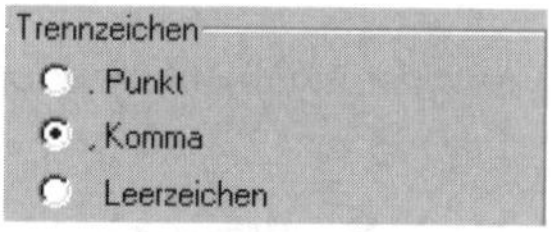

bieten zwei oder mehr Optionen. Es kann jeweils nur eine Möglichkeit aktiviert werden.

Feld

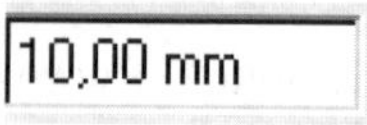

akzeptiert einen Wert nach Eingabe und Bestätigung mit Tabulator- oder Eingabetaste.

Dropdown-Liste

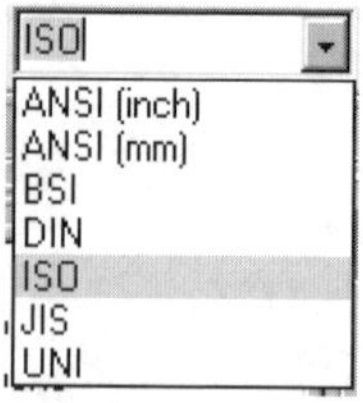

enthält mehrere Optionen, die ausgewählt werden können. In einigen Fällen ist auch die Eingabe eines Wertes erlaubt.

Listenfeld

ermöglicht die Auswahl eines Listeneintrags mittels Doppelklick.

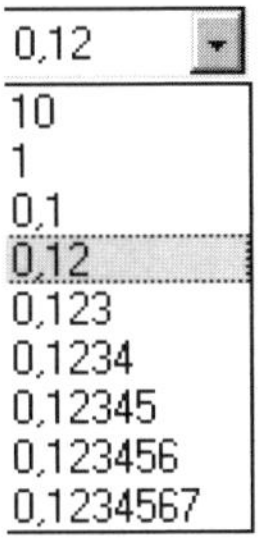

1.10.7 Online-Hilfe

In diesem Buch kann nicht alles erklärt werden, siehe auch die Online-Dokumentation:

In Menüleiste: ? ⇒ Solid Edge-Hilfe ⇒ Alternativ: Funktionstaste F1

Verwendung des Buttons für die kontextabhängige Hilfe in der Hauptsymbolleiste

1.10.8 Erklärung der einzelnen Buttons

Auswählen [eines Elementes]

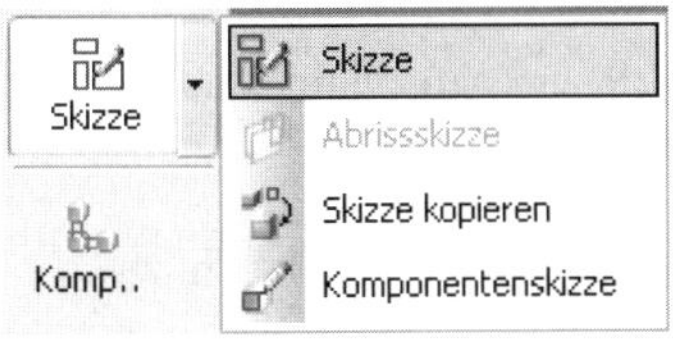

Skizze [anlegen]

Ausprägung [Extrudieren einer Fläche]

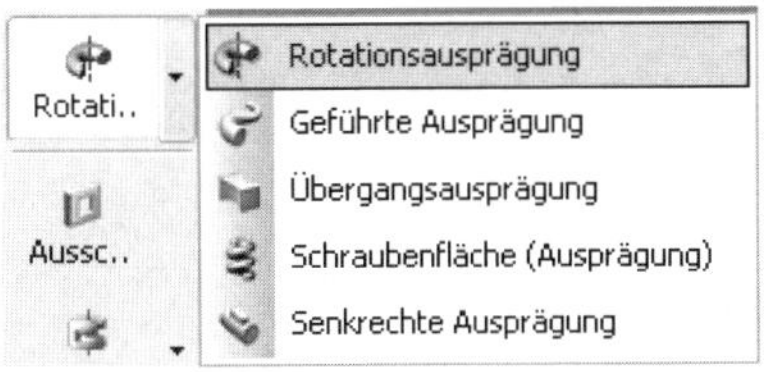

Rotationsausprägung [Extrudieren einer Fläche durch Rotation]

Geführte Ausprägung [Sweepen entlang einer Leitkurve]

Übergangsausprägung [zwischen zwei Anschlussflächen]

Schraubenfläche (Ausprägung) [entlang einer Schraubenlinie]

Senkrechte Ausprägung [senkrecht zu einer Teilfläche]

Ausschnitt [einer extrudierten Fläche]

Rotationsausschnitt [Ausschnitt einer rotierten Fläche]

Geführter Ausschnitt [entlang einer Leitlinie]

Übergangsausschnitt [zwischen zwei Anschlussflächen]

Schraubenfläche (Ausschnitt) [entlang einer Schraubenlinie]

Senkrechter Ausschnitt [senkrecht zu einer Teilfläche]

Bohrung [erzeugen einer oder mehrere Bohrungen]

Gewinde [Innen- und Außengewinde]

Formschräge [hinzufügen]

Verrundung [hinzufügen]

Fase [hinzufügen]

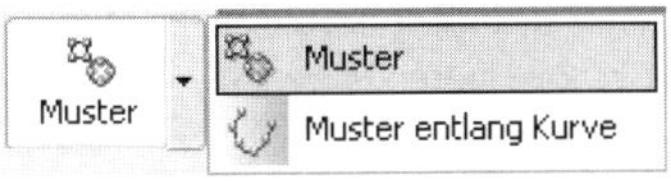

Muster [erzeugen rechteckiger oder kreisförmiger Muster]

Muster entlang Kurve [erzeugen eines Musters entlang einer Kurve]

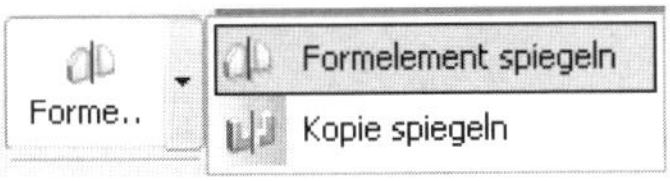

Formelement spiegeln [spiegelt ausgewählte Elemente]

Kopie spiegeln [spiegelt Körper, Kanten, Skizzen und Flächen]

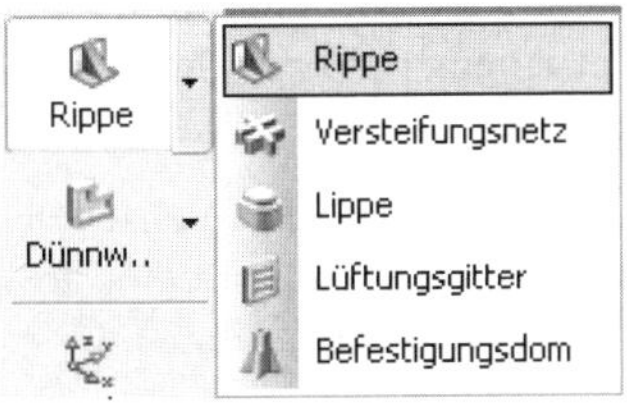

Rippe [einfügen von Rippen]

Versteifungsnetz [für Kunststoffteile]

Lippe [erzeugt eine Lippe entlang ausgewählter Kanten]

Lüftungsgitter [erstellt ein Lüftungsgitter aus ausgewählten Skizzenelementen]

Befestigungsdorn [erstellt einen Befestigungsdom]

Dünnwand [erzeugt eine Schale mit definierter Wandstärke]

Bereich verdünnen [verdünnen eines ausgewählten Teilbereiches]

Verstärken [von Teilbereichen]

Koordinatensystem [erstellt ein benutzerdefiniertes Koordinatensystem]

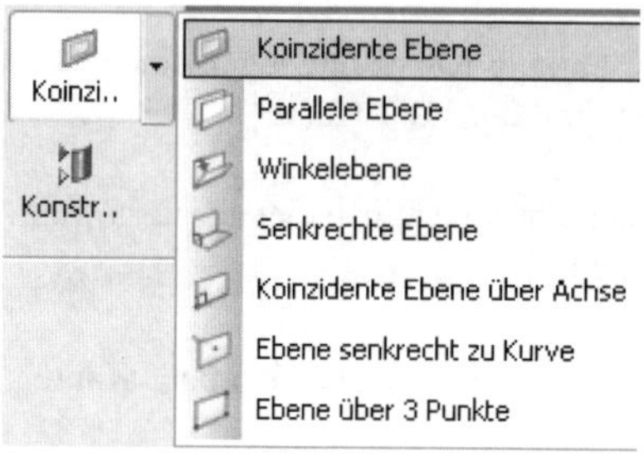

Koinzidente Ebene [erstellt eine Referenzeben auf der ausgewählten Ebene oder Teilfläche]

Parallele Ebene [erstellt eine Referenzebene parallel zu einer ausgewählten Ebene oder Teilfläche]

Winkelebene [erstellt eine Referenzebene in einem angegeben Winkel zu einer ausgewählten Ebene oder Teilfläche]

Senkrechte Ebene [erstellt eine Referenzebene senkrecht zu einer ausgewählten Ebene oder Teilfläche]

Koinzidente Ebene über Achse [erstellt anhand einer Ausrichtungsachse eine Referenzeben auf der ausgewählten Ebene oder Teilfläche]

Ebene senkrecht zu Kurve [erstellt eine Referenzfläche senkrecht zu einer gewählten Kurve]

Ebene über 3 Punkte [erstellt eine Referenzebene über 3 Eigenpunkte]

Konstruktionsanzeige [steuert die Anzeige von Ebenen, Skizzen, Achsen, Flächen und Kurven]

1.11 Erste Modellierungsschritte (Hülse als Ausprägung)

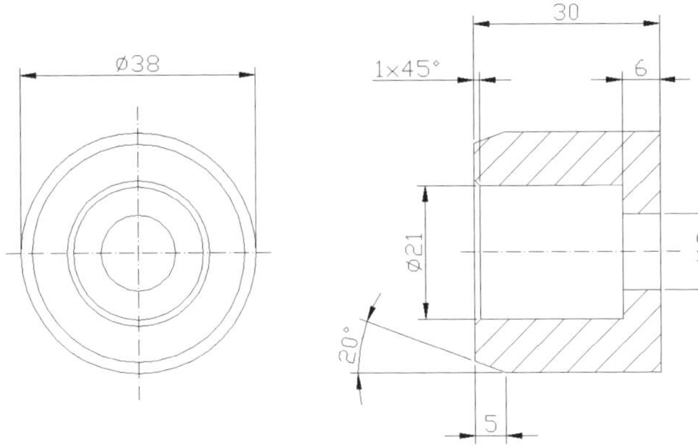

Vorgehensweise

Modellieren des Solids (drei Zylinder mit gleichzeitigem Abziehen der beiden kleineren Zylinder)

Modellieren der beiden Fasen (als Formelemente/Features)

Datei neu erstellen:

1. Menüleiste DATEI ⇒ NEU
2. Normal.par auswählen ⇒ OK.
3. Unter huelse1.par speichern

Modellieren des ersten Zylinders als Ausprägung; gegebene Werte aus Zeichnung: Durchmesser, Höhe

1. Button AUSPRÄGUNG 

2. Beliebige Referenzebene auswählen, Ansicht dreht sich in Skizzierebene
3. Button KREIS ÜBER MITTELPUNKT

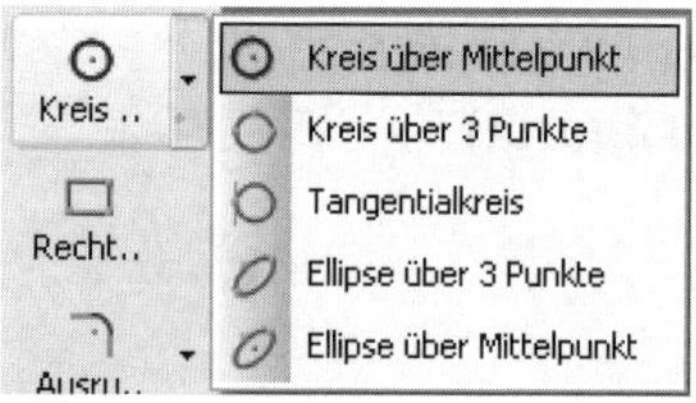

auswählen

4. Cursor zum Schnittpunkt der beiden Referenzebenen bewegen
5.  ⇒ in Formatierungsleiste Durchmesser <38> eingeben
6.  ⇒ Zurück
7. In Formatierungsleiste Abstand <30> eingeben ⇒ 
8.  auf einer Seite der Skizze klicken ⇒

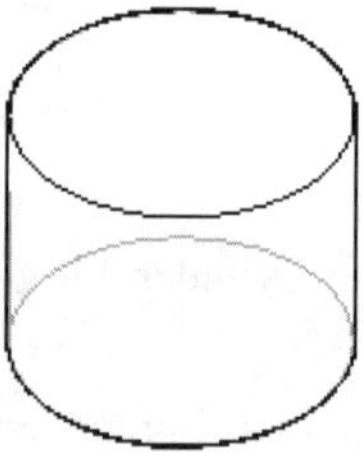

9. Fertig stellen ⇒ ABBRECHEN

Modellieren des zweiten Zylinders als Ausschnitt:

1. Button AUSSCHNITT 

2. Eine Stirnfläche des ersten Zylinders auswählen, Ansicht dreht sich in Skizzierebene
3. Button KREIS ÜBER MITTELPUNKT auswählen
4.  beliebig im Arbeitsbereich klicken
5. In Formatierungsleiste Durchmesser <21> eingeben ⇒ 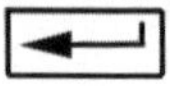
6. Button KONZENTRISCH 

auswählen (Kreis anwählen

7. Kreis anwählen
8. Kante des ersten Zylinders auswählen
9. Kreis verschiebt sich zum Mittelpunkt des Zylinders ⇒ Zurück
10. Formatierungsleiste Abstand <30-6> eingeben
11.  ⇒  so klicken, dass zweiter Zylinder innerhalb des Ersten liegt

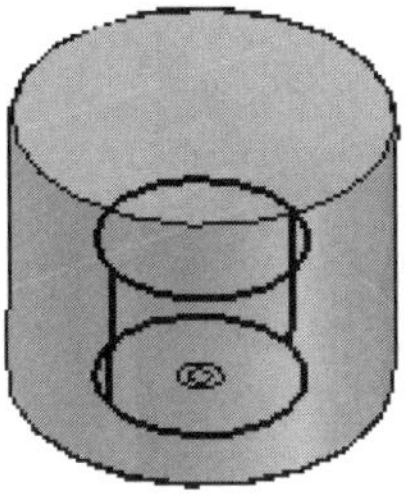

12. Fertig stellen ⇒ ABBRECHEN

Modellieren des dritten Zylinders als Ausschnitt

1. Button AUSSCHNITT 

2. Stirnfläche des zweiten Zylinders (Grundfläche der Bohrung) auswählen, Ansicht dreht sich in Skizzierebene
3. Button KREIS ÜBER MITTELPUNKT 

auswählen
4.  beliebig im Arbeitsbereich klicken
5. In Formatierungsleiste Durchmesser <12> eingeben ⇒ 
6. Button KONZENTRISCH 

auswählen
7. Kreis anwählen ⇒ Kante des ersten Zylinders auswählen
8. Kreis verschiebt sich zum Mittelpunkt des Zylinders ⇒ Fertig stellen

9. Button ÜBER GANZES TEIL  auswählen
10. Richtung so wählen, dass die Bohrung durch ersten Zylinder hindurch geht

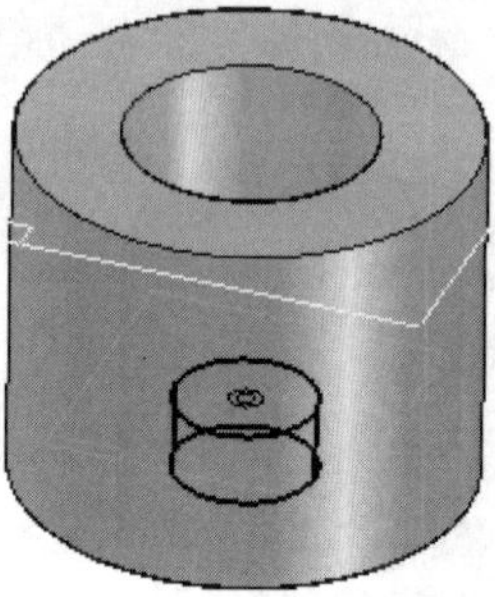

11.  ⇒ Fertig stellen ⇒ ABBRECHEN

Modellieren der 1. Fase:

1. Button FASE  auswählen. Standardeinstellung ist die 45°-Fase.

2. Stirnseite der Hülse auswählen
3. Innere Kreislinie auswählen, an der die 45°-Fase konstruiert werden soll
4. Fasenlänge <1> eingeben ⇒  ⇒ Fertig stellen ⇒ Abbrechen

Modellieren der 2. Fase:

1. Button FASE  auswählen

2. Button FASENOPTIONEN  auswählen
3. Optionsfeld WINKEL UND FASENLÄNGEN

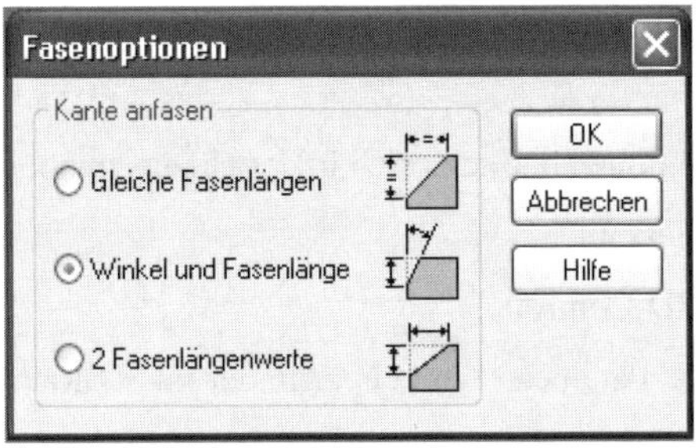

aktivieren ⇒ OK

4. Mantelfläche der Hülse als „Teilfläche“ auswählen ⇒ 
5. Äußere Kreislinie als „Kante/Ecke“ auswählen, an der die 20°-Fase konstruiert werden soll
6. Fasenlänge <5>, Winkel <20> eingeben

 ⇒ Fertig stellen ⇒ Abbrechen

Hinweis: Für die Änderung von Formelementen wie z. B. einer Fase, klickt man es entsprechend an und vergibt die neuen Parameter im Optionendialog (z. B. FASENOPTIONEN s. o.)

Durch gleichzeitiges Drücken der **Strg-Taste** können auch mehrere Formelemente gleichzeitig angewählt werden. Diese bekommen beim Ändern der Optionen alle die gleichen Eigenschaften.

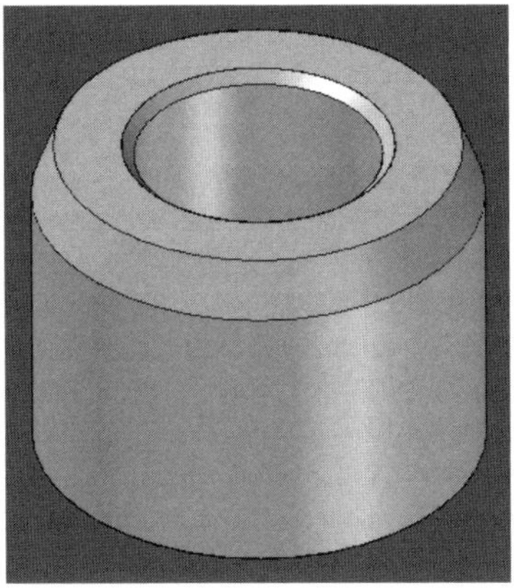

1.12 Kontrollfragen

1. Welche Funktionen befinden sich in der Hauptsymbolleiste?
2. Was ist ein Feature?
3. Was ist ein 3D-Controller?
4. Durch welche Parameter wird ein Zylinder im 3D-Raum beschrieben?
5. Welche Informationen enthält die EdgeBar?
6. Welche Arbeitsumgebungen beinhaltet Solid Edge V17 und wozu dienen diese?
7. Wie können Änderungen an Bauteilen schnell vorgenommen werden?

2 Volumenmodellierung im Skizzier-Modus

In diesem Kapitel werden die bereits erworbenen Kenntnisse zur Modellierung von Volumenkörpern weiter vertieft. Als erstes wird die bereits aus der Einführung bekannte Hülse modelliert. Dabei wird jedoch der Skizzier-Modus verwendet, um dem Anwender die Vielfältigkeit der Modellierungsmöglichkeiten aufzuzeigen und ihm einen Einblick in deren mögliche Vor- und Nachteile zu geben. Im Anschluß erfolgt noch die Erstellung eines zweiten Beispielkörpers als Volumenmodell, wobei ebenfalls wieder der Skizzier-Modus zum Einsatz kommt. Den Abschluß bilden wieder die Kontrollfragen.

Modellieren im Skizzier-Modus

- Erzeugen einer Skizzengeometrie
- Parametrisieren einer Geometrie
- Erzeugen von Beziehungen zwischen Geometrieelementen

Aufruf des Skizzierers

- Aufruf mit Hilfe des Buttons SKIZZE
- Referenzebene auswählen
- Skizzenfenster öffnet sich

2.1 Beispiel Hülse

Zeichnen der Linienkontur mit Rotieren und anschließendem Einfügen einer Bohrung

Vorgehensweise

1. Zeichnen einer halben Hülsenkontur
2. Rotieren der Zeichnung um 360 Grad
3. Einfügen der Bohrung (als Feature) in den Rotationskörper
4. Modellieren der beiden Fasen (als Features)

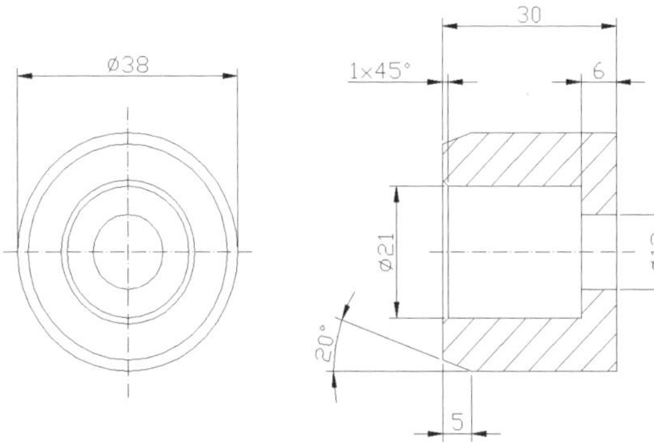

Durchführung der Aufgabe

1. Datei (.par) neu erstellen
2. Unter huelse.par speichern

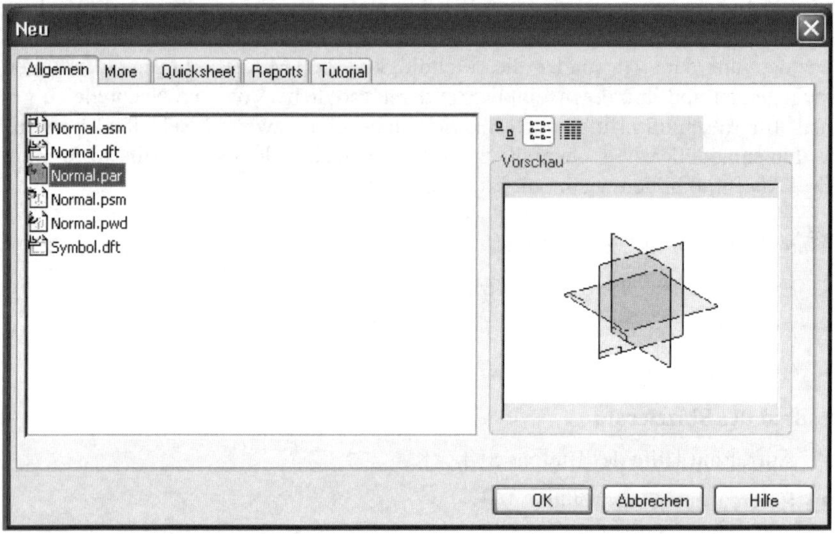

3. Button SKIZZE anklicken

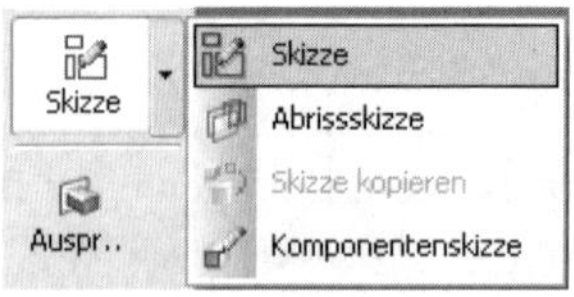

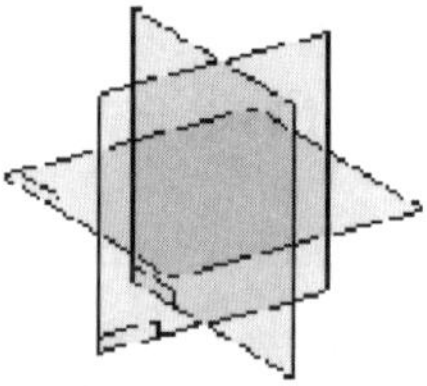

4. eine beliebige Ebene anklicken

Zeichnen einer halben Hülsenkontur:

1. Button LINIE anklicken

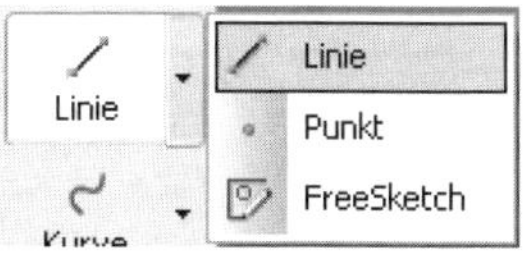

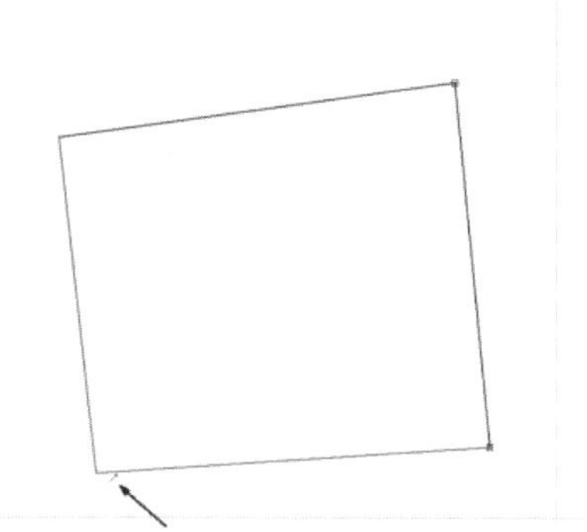

2. Zeichnen eines willkürlichen Vierecks (Darauf achten, dass der Kurvenzug geschlossen ist, Symbol für Linienende erscheint.)

3. Button LINIE 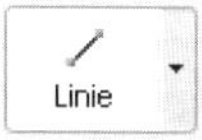 anklicken

4. Zeichnen eines Ausschnitts (Beenden mit )

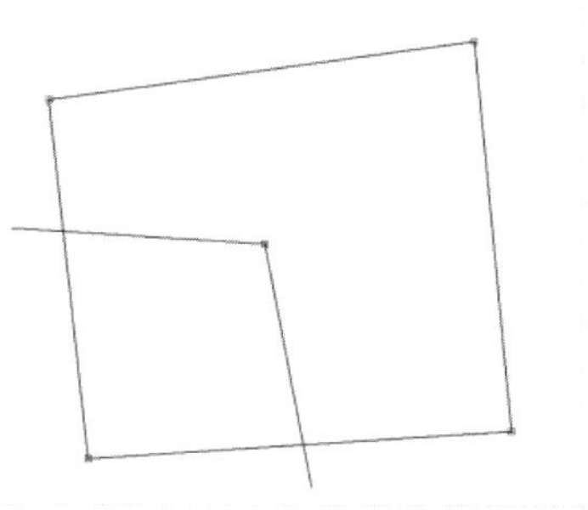

5. Button ECKENTRIMMEN  anklicken

6. Trimmen zu Winkelkontur (Linien 5 & 4 auswählen, der verbundene Linienzug bleibt dann erhalten. Analog 3 & 2)

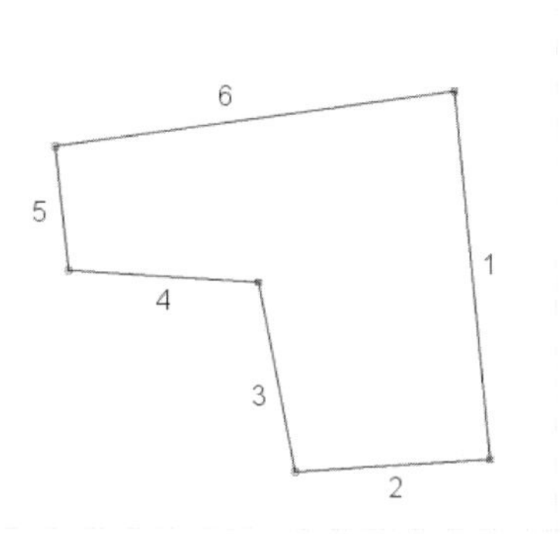

2.1.1 Bemaßen und Parametrisieren der einzelnen Linien

1. Button KOLINEAR  anklicken

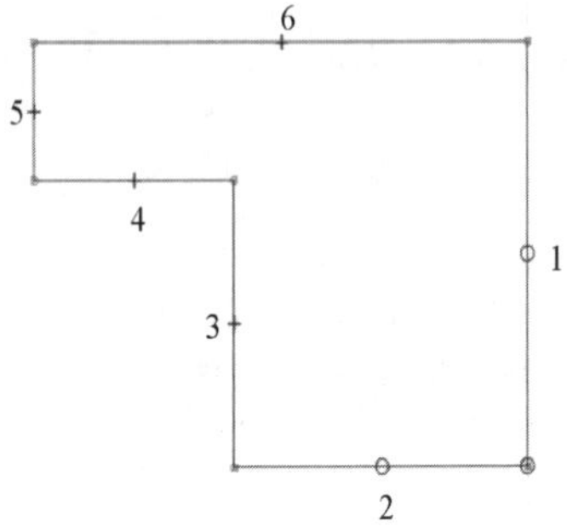

2. Linie 1 anwählen
3. Senkrechte Referenzebene anwählen
4. Linie 2 anwählen
5. Waagerechte Referenzebene anwählen
   Button HORIZONTAL/VERTIKAL anklicken,  Linien 3 bis 6 anwählen

6. Button SMARTDIMENSION  anklicken

7. Linie 2 anwählen und bemaßen
8. Linie 6 anwählen und bemaßen
9. Button SYMMETRISCHER DURCHMESSER anklicken

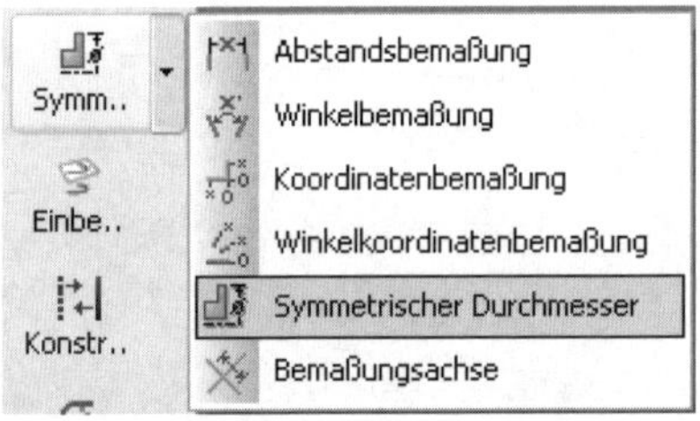

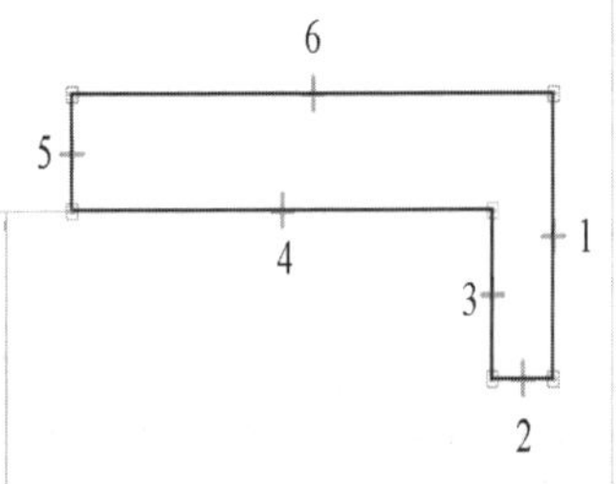

10. Linie 2 anwählen
11. Linie 4 anwählen
12. Bemaßung platzieren
13. Korrektes Maß <21> eingeben ⇒ 
14. Abstand zwischen Linie 2 und Linie 6 bemaßen <38>
15. ZURUECK ⇒ Fertig stellen

2.1.2 Rotieren der Zeichnung um 360 Grad

1. Button ROTATIONSAUSPRÄGUNG

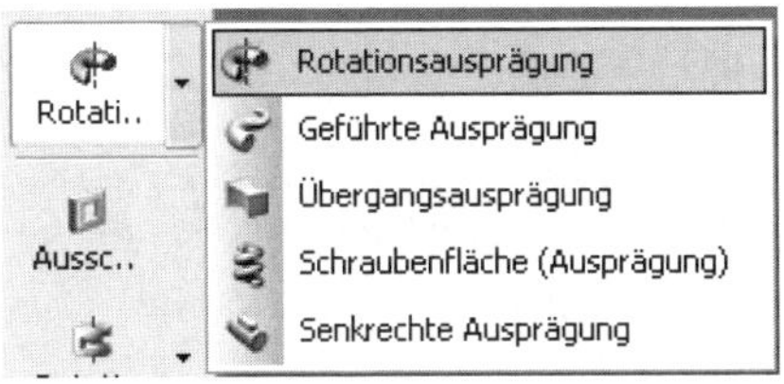

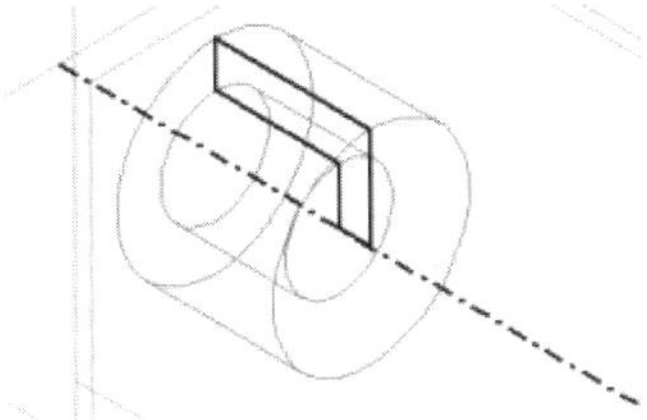

anklicken

2. Auswahlfenster AUS SKIZZE WÄHLEN
3. 

anklicken
4. Skizzenkontur anwählen
5. Button AKZEPTIEREN anklicken
6. Linie 2 als Rotationsachse anwählen
7. Winkel 360° eingeben ⇒ ⇒
8. Fertig stellen ⇒ ABBRECHEN

2.1.3 Einfügen der Bohrung (als Feature)

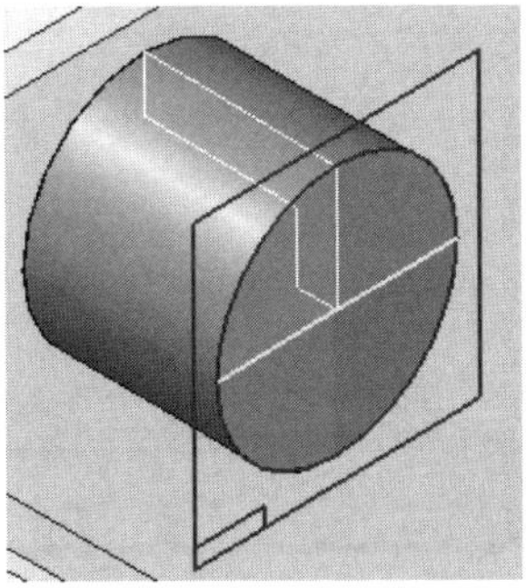

1. Button BOHRUNG auswählen

2. Untere Stirnfläche der Hülse auswählen (siehe Bild)
3. Button BOHRLOCH 

auswählen
4. Bohrloch beliebig platzieren

5. Button KONZENTRISCH  auswählen
6. Bohrloch anwählen
7. Kante der Hülse auswählen ⇒ Fertig stellen
8. Button BOHRUNGSOPTIONEN  auswählen
9. Option EINFACHE BOHRUNG auswählen
10. Bohrdurchmesser <12> eingeben
11. Button ÜBER GANZES TEIL  auswählen
12. OK
13. Richtung wählen ⇒ 
14. Fertig stellen ⇒ Abbrechen

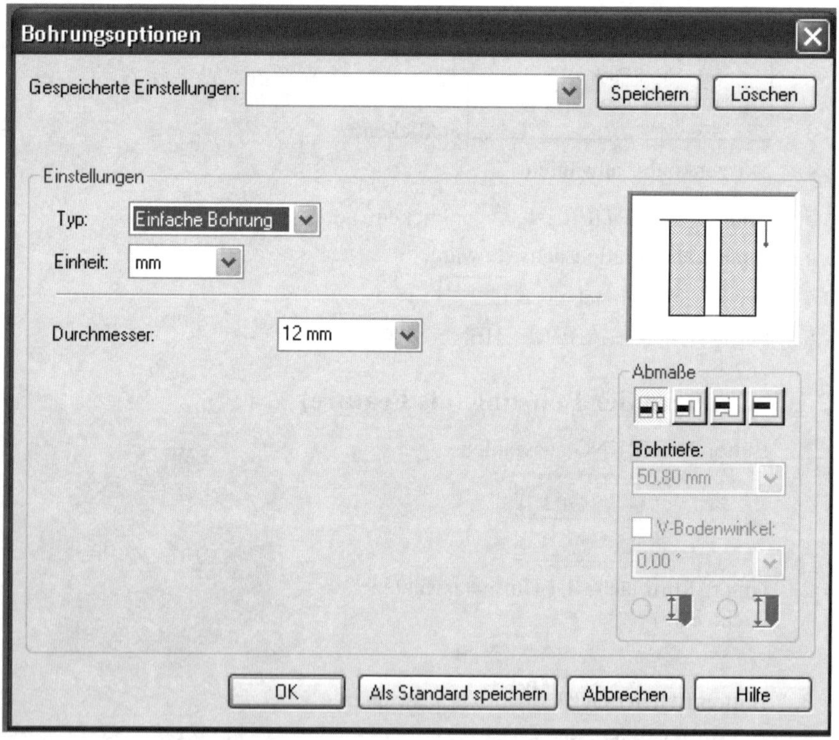

2.1.4 Modellieren der beiden Fasen (als Features)

Siehe Abschnitt 1.12.1

Alternative für Fase 5x20°:

1. Button ROTATIONSAUSSCHNITT

anklicken

Eine der Hilfsebenen anwählen (Nicht das Bauteil!)

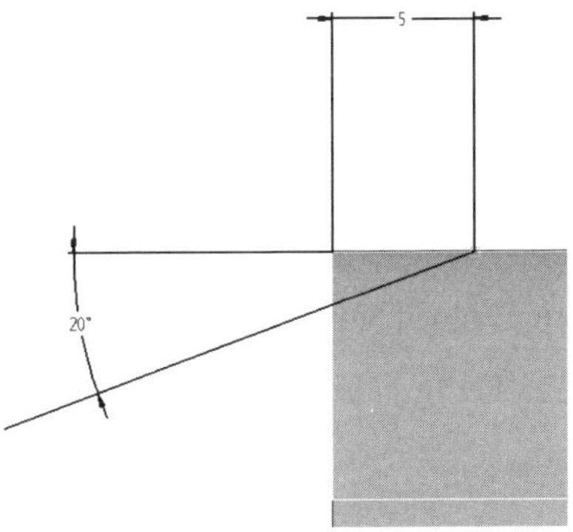

2. Button LINIE 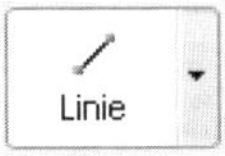 anklicken

3. Linie durch entsprechende Ecke zeichnen

4. Button VERBINDEN 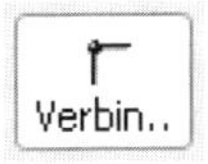 anklicken

5. Endpunkt der Linie mit der Mantellinie des Zylinders verbinden

6. Button ABSTANDSBEMAßUNG

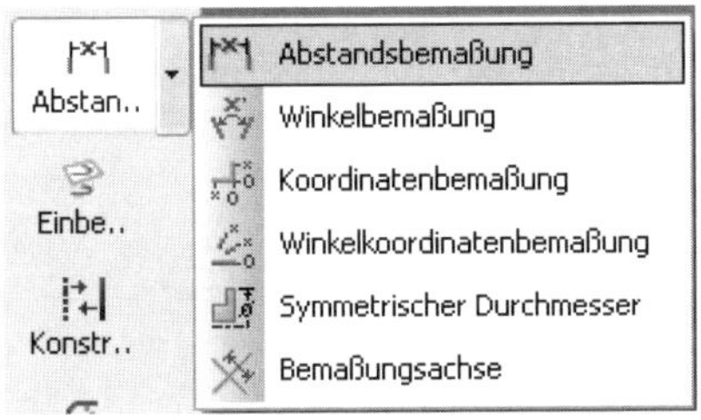

anklicken

7. Abstand zwischen Schnittpunkt und Deckfläche bemaßen

8. Button WINKELBEMAßUNG 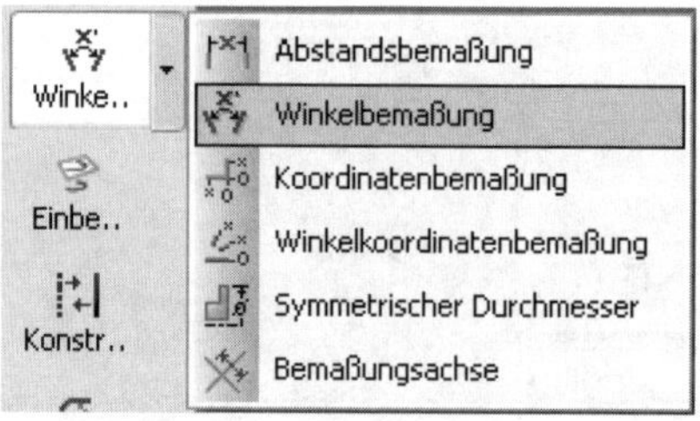

anklicken, gezeichnete Linie im Körper und Mantellinie anwählen
9. Winkelmaß platzieren ⇒ 
10. Korrektes Maß eingeben
11. 
12. Button ROTATIONSACHSE 

anklicken
13. Mittellinie anwählen
14. FERTIG STELLEN
15. Richtung (roter Pfeil) nach außen wählen ⇒ 
16. Winkel 360° eingeben ⇒  ⇒ 
17. Fertig stellen ⇒ ABBRECHEN

2.2 Beispiel Winkel

Zeichnen der Linienkontur mit Extrudieren und anschließendem Einfügen der Bohrungen

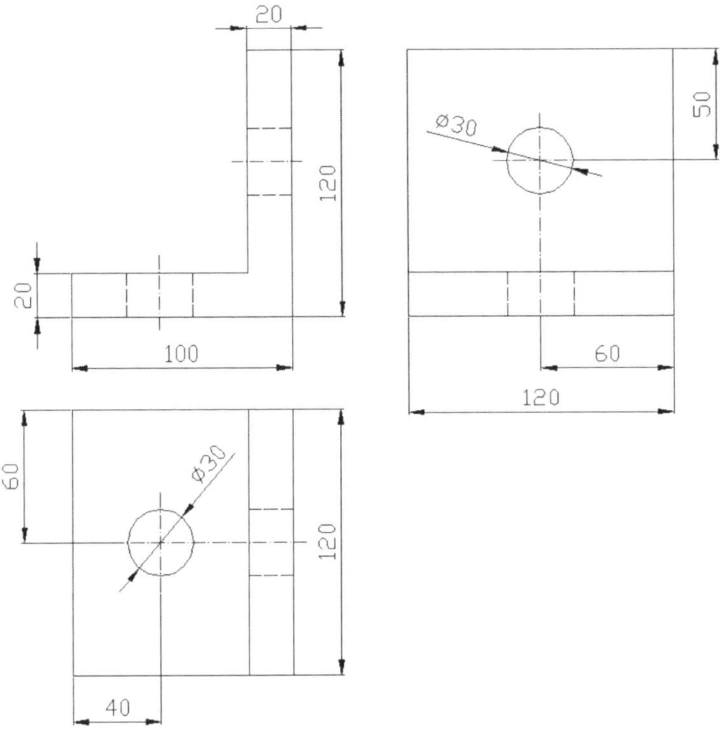

Vorgehensweise

- Zeichnen der L-Kontur des Winkels
- Extrudieren der L-Kontur des Winkels
- Einfügen der zwei Bohrungen

Datei neu erstellen:

Neue Part-Datei öffnen und unter <winkel.par> abspeichern

2.2.1 Zeichnen der L-Kontur des Winkels

1. Button SKIZZE 

anklicken
2. Beliebige Ebene anklicken
3. Button Rechteck 

anklicken
4. 2 sich schneidende Rechtecke zeichnen

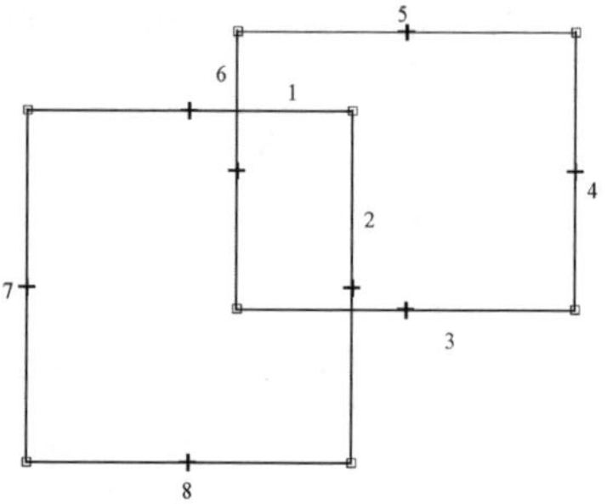

5. Button TRIMMEN 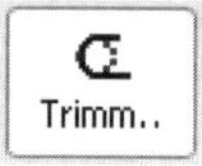

anklicken
6. Linie1 bis 6 trimmen
7. Button KOLINEAR 

anklicken
8. Linie 7 anwählen
9. Senkrechte Referenzebene anwählen
10. Linie 8 anwählen
11. Waagerechte Referenzebene anwählen
12. Button SMARTDIMENSION 

anklicken
13. Skizze korrekt bemaßen
14. Fertig stellen ⇒ ABBRECHEN

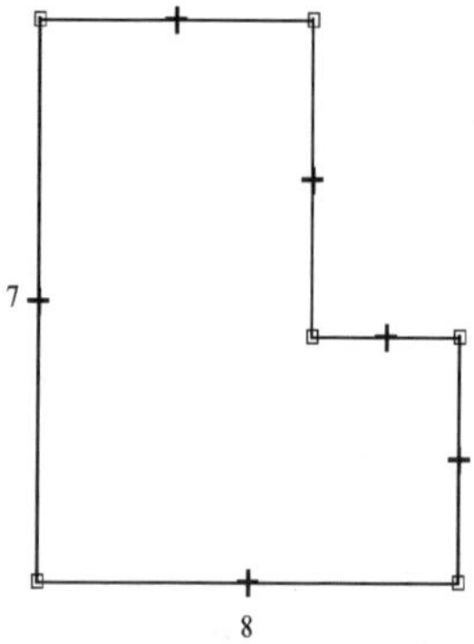

2.2.2 Extrudieren der L-Kontur des Winkels

1. Button AUSPRÄGUNG 

anklicken
2. Auswahlfenster AUS SKIZZE WÄHLEN

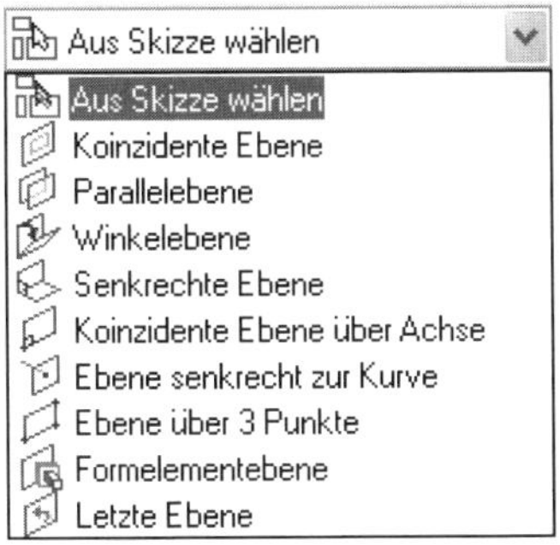

anklicken

3. Skizzenkontur anwählen
4. Button AKZEPTIEREN  anklicken
5. Abstand <120> ⇒ 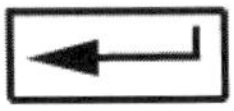
6. Richtung wählen ⇒ 
7. Fertig stellen ⇒ ABBRECHEN

2.2.3 Einfügen der zwei Bohrungen

1. Button BOHRUNG 

anklicken
2. Innenseite des Winkels anklicken
3. Bohrung beliebig platzieren und korrekt bemaßen

4. Button ABSTANDSBEMAßUNG

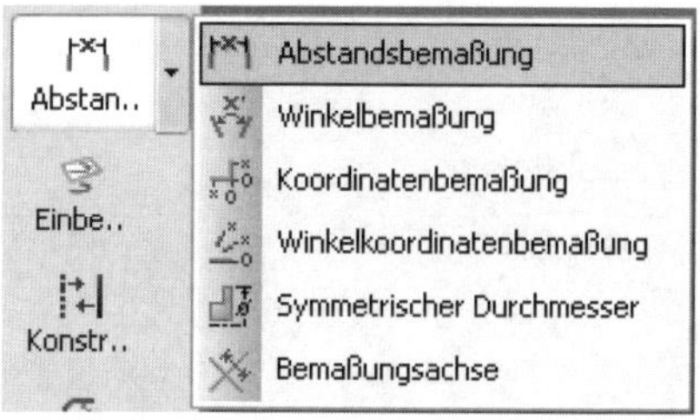

anklicken

5. Abstände zwischen Bohrloch und Winkelkanten bemaßen
6. Fertig stellen

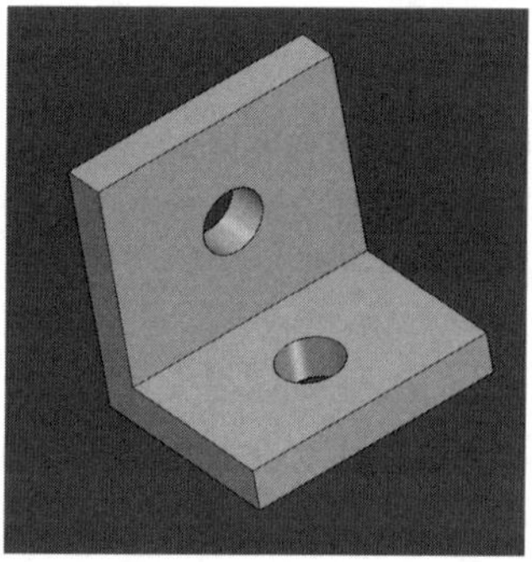

2.3 Kontrollfragen

1. Was versteht man unter Boundary Representation (B-Rep)?
2. Wie viele Freiheitsgrade kann ein Kreis in der 2D-Umgebung haben?
3. Wann ist eine Skizze vollständig bestimmt?
4. Woran erkennt der Computer ein geschlossenes Volumen?
5. Wofür kann eine Skizze die Grundlage bilden?
6. Wie kann eine Bohrung in 3D definiert werden?

3 Geometriemodellierung

Auch dieses Kapitel widmet sich der Geometriemodellierung. Es werden für den Zusammenbau im nachfolgenden Kapitel verschiedene Einzelteile einer kompletten Baugruppe erzeugt. Es handelt sich dabei um ein Drosselventil. Um die bereits kennengelernten Modellierungsmethoden zu vertiefen und neue Varianten und Aspekte bei der Erstellung von Volumenmodellen kennenzulernen, wurden bewusst verschiedene Methoden und Alternativen zur Erstellung der Einzelteile angewendet.

Gesamtvorgehensweise

- Erzeugen eines Hebels, eines Deckels, einer Welle, eines Ventils und eines Gehäuses

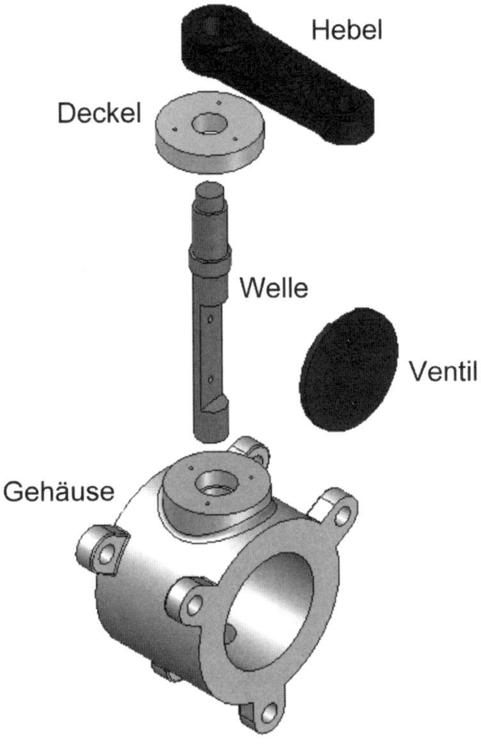

- Zusammenfügen der Einzelteile im nächsten Kapitel

3.1 Modellieren des Hebels

Allgemeine Vorgehensweise

- Extrudieren der beiden Augen
- Extrudieren des Hebelmittelteiles
- Einfügen der beiden Bohrungen

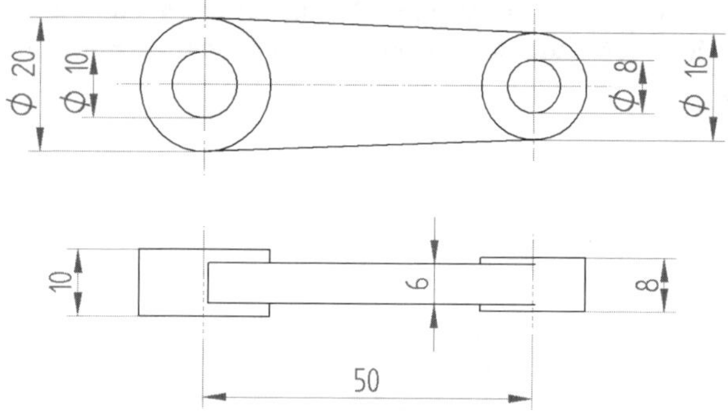

Datei neu erstellen:

Neue Part-Datei öffnen und unter <hebel.par> abspeichern

3.1.1 Erzeugen des ersten Auges

Erzeugen eines Zylinders ø20 als Ausprägung (siehe 1. Übung)

Hinweise:

- Mittelpunkt des Kreises in den Schnittpunkt der Ebenen legen
- Zylinder mit symmetrischem Abmaß extrudieren

Vorgehensweise:

1. Button SYMMETRISCHES ABMAß 

 **Hinweis:** Mit  sind auch unsymmetrische Abmaße möglich

2. Abstand <10> ⇒  ⇒ FERTIG STELLEN

3.1.2 Erzeugen des zweiten Auges

Vorgehensweise analog zum ersten Auge

Hinweise:

- Mittelpunkt des Kreises auf eine der Ebenen legen
- Abstand der Mittelpunkte mit Button ABSTANDS-

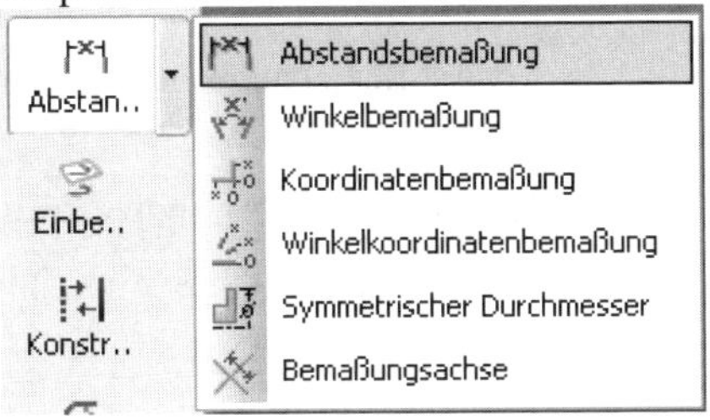

BEMAßUNG bemaßen ⇒ Zurück

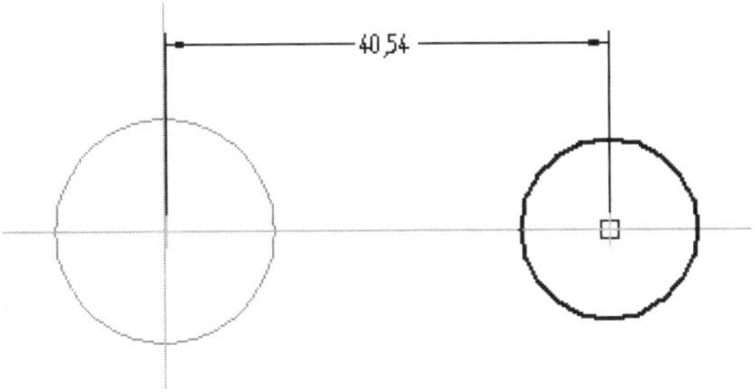

Zylinder mit symmetrischem Abmaß extrudieren

3.1.3 Erzeugen des Mittelteiles

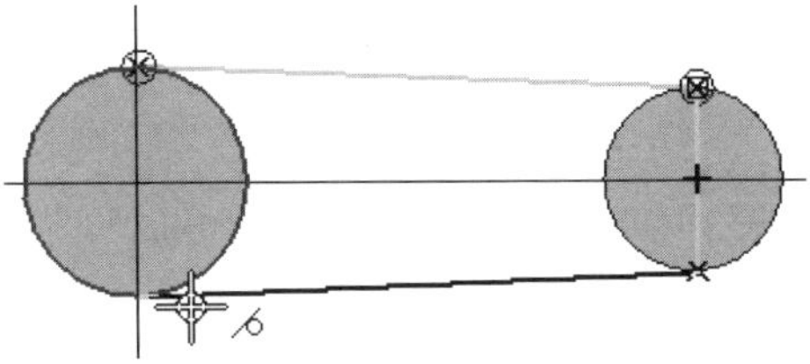

1. Skizzierer wählen
2. Waagerechte Referenzebene auswählen
3. Skizzenfenster öffnet sich
4. Button LINIE

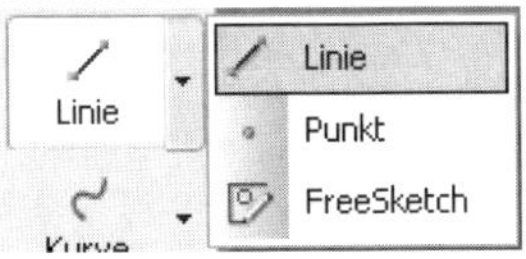

wählen

5. Linie 1 tangential zu beiden Kreisen zeichnen
6. Linie 2 senkrecht und ganz durch Kreis zeichnen
7. Linie 3 tangential zu beiden Kreisen zeichnen

Hinweis: Bei der Verbindung von Linie 2 und 3 wird keine Tangentialität angezeigt.

Diese Beziehung kann nachträglich mit dem Button 

hergestellt werden.

8. Linie 4 senkrecht und bis Endpunkt Linie 1 zeichnen ⇒ ZURÜCK
9. Button AUSPRÄGUNG ⇒ Auswahlfenster: AUS SKIZZE WÄHLEN ⇒ Skizze anklicken ⇒ 
10. Button SYMMETRISCHES ABMAß 
11. Abstand <6> ⇒ 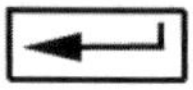 ⇒ FERTIG STELLEN ⇒ ABBRECHEN

3.1.4 Erzeugen der Bohrungen

Vorgehensweise analog zu Kapitel 1

(Einfügen der Bohrungen in die Hülse – konzentrisch 

in den Zylindern positionieren)

3.1.5 Zuweisen der Farbe BLAU

1. Button FORMAT ⇒ TEIL FÄRBEN...
2. Formatvorlage: blau
3. Auswählen: Körper
4. Bauteil anklicken
5. Schließen

3.2 Modellieren des Deckels

Allgemeine Vorgehensweise

- Modellieren eines Zylinders
- Modellieren der inneren Bohrung
- Modellieren der drei äußeren Bohrungen

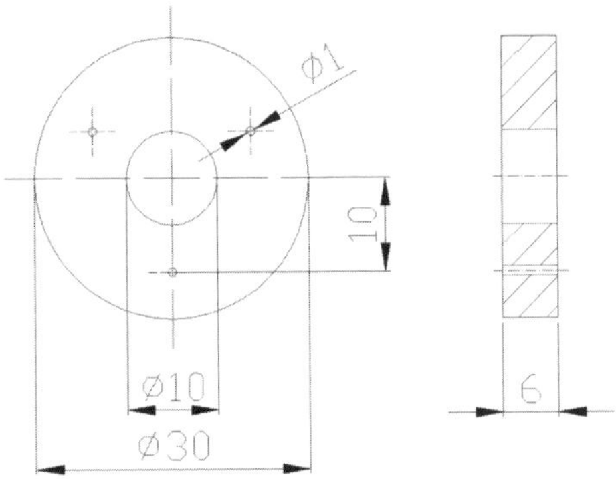

Modellieren des Zylinders und innerer Bohrung analog zu Kapitel 1

1. Abstandsbemaßung für erste äußere Bohrung mit Button

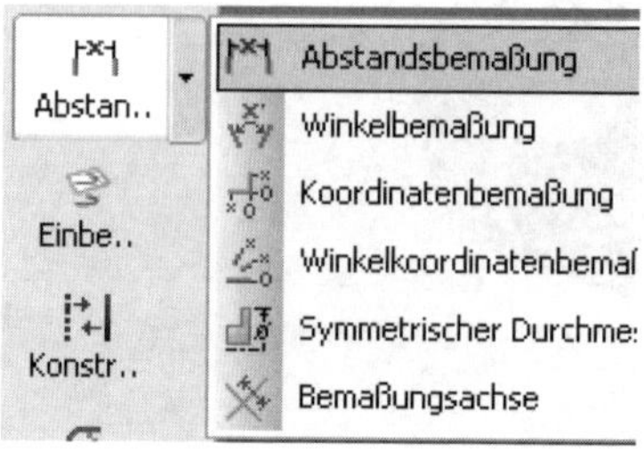

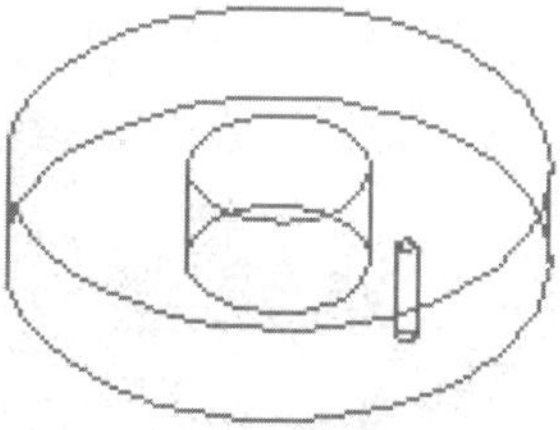

Nach Einbringen der ersten Bohrung Erzeugung der anderen Bohrungen als Muster:

Vorgehensweise:

2. Button MUSTER

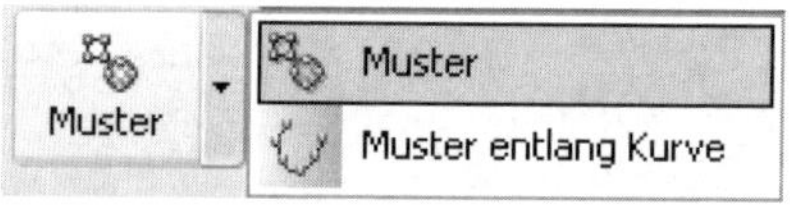

anklicken

3. Bohrung ø 1 auswählen ⇒ AKZEPTIEREN 
4. Stirnfläche des Zylinders auswählen (koinzidente Ebene muss aktiviert sein)

5. Button KREISMUSTER 

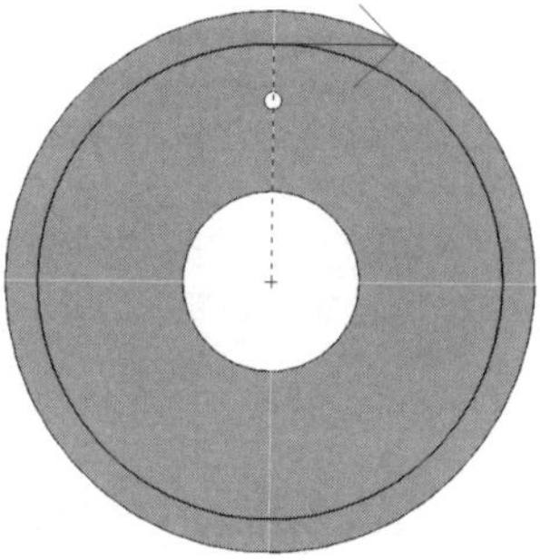

6. Kreis zeichnen, Mittelpunkt liegt im Mittelpunkt des Zylinders (Durchmesser spielt keine Rolle), vom Mittelpunkt ausgehender Strahl (gestrichelte Linie) geht durch Mittelpunkt der Bohrung ⇒ 
7. Drehrichtung wählen ⇒ 

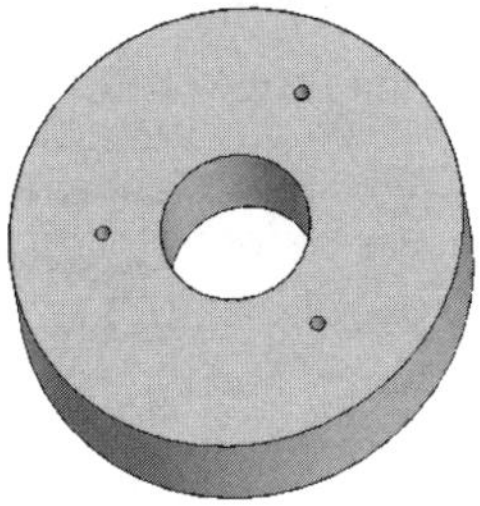

8. In Formatierungsleiste Anzahl <3> eingeben
9. Zurück ⇒ Fertig stellen
10. (Beim Bemustern von Formelementen auf„Smart“ klicken, falls „Schnell“ fehlschlägt)

11. Zuweisen der Farbe GELB

3.3 Modellieren der Welle

Allgemeine Vorgehensweise

- Modellieren der Zylinder
- Modellieren eines Ausschnittes aus den Zylindern
- Einfügen der Bohrungen

Datei neu erstellen:

- Neue Part-Datei öffnen und unter <welle.par> abspeichern

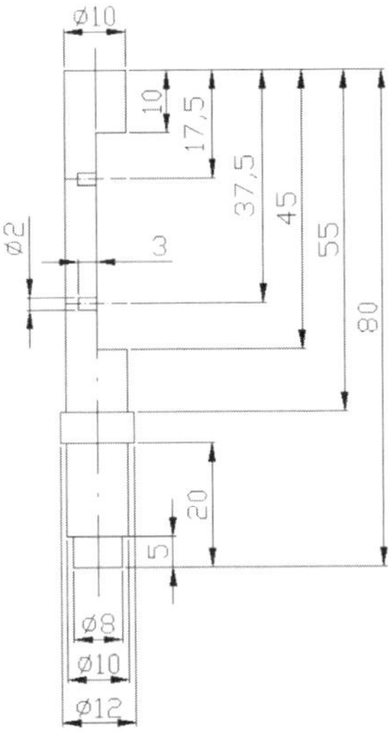

3.3.1 Erzeugen der Zylinder

- Zylinder mit Durchmesser <8> und Höhe <5> als Ausprägung in beliebiger Ebene erzeugen

Hinweis: Mittelpunkt des Kreises in den Schnittpunkt der Ebenen legen

Weiteres Vorgehen:

1. Button PARALLELE EBENE 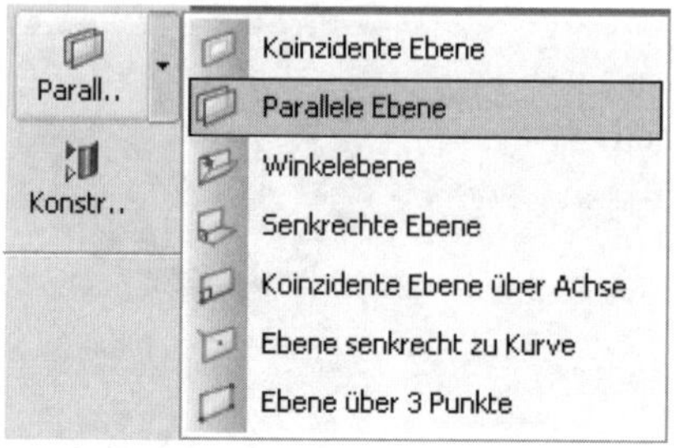

(in Symbolleiste REFERENZEBENEN, einzublenden über Menüleiste ANSICHT SYMBOLLEISTEN...)
2. Referenzebene anwählen
3. Abstand <20> ⇒ 
4.  oberhalb erster Ebene klicken
5. Referenzebene anwählen
6. Abstand <80> ⇒ 
7.  oberhalb erster Ebene klicken
8. Button AUSPRÄGUNG 

9. Zweite Ebene auswählen
10. Button KREIS ÜBER MITTELPUNKT 

11. Durchmesser <10>
12. Kreis konzentrisch zu erstem Kreis anlegen 

⇒ Zurück
13. Button ABMAß VON/BIS 
14.  (zum Akzeptieren der Profilebene als Ausgangspunkt)
15. Obere Stirnfläche des ersten Zylinders auswählen ⇒ FERTIG STELLEN

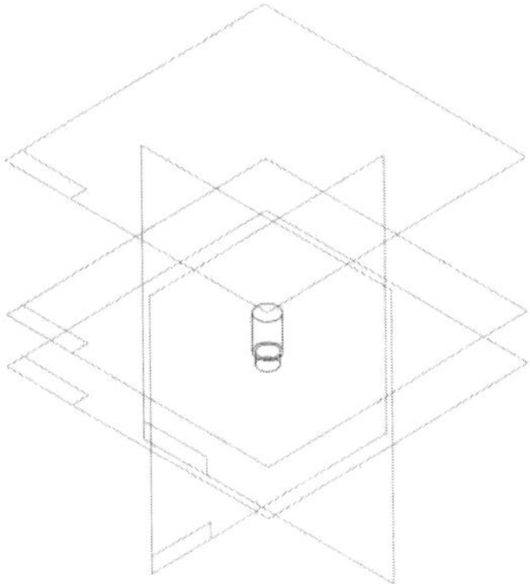

16. Oberste waagerechte Referenzebene auswählen
17. Button KREIS ÜBER MITTELPUNKT

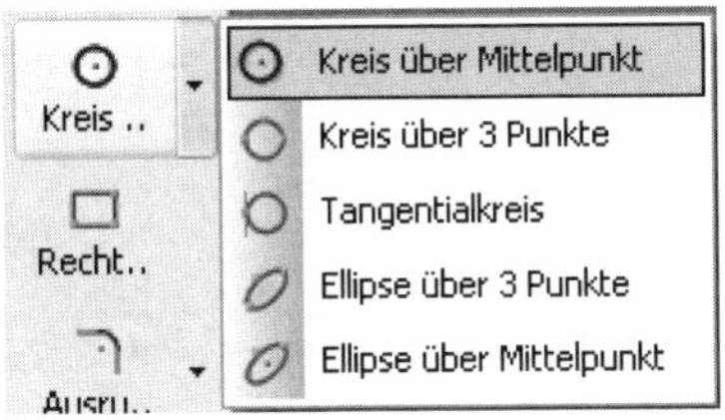

18. Durchmesser <10>
19. Kreis konzentrisch zu erstem Kreis anlegen ⇒ FERTIG STELLEN
20. Button FESTES ABMAß 
21. Abmaß <55>
22. Richtung nach unten wählen ⇒ FERTIG STELLEN
23. Stirnfläche des dritten Zylinders auswählen

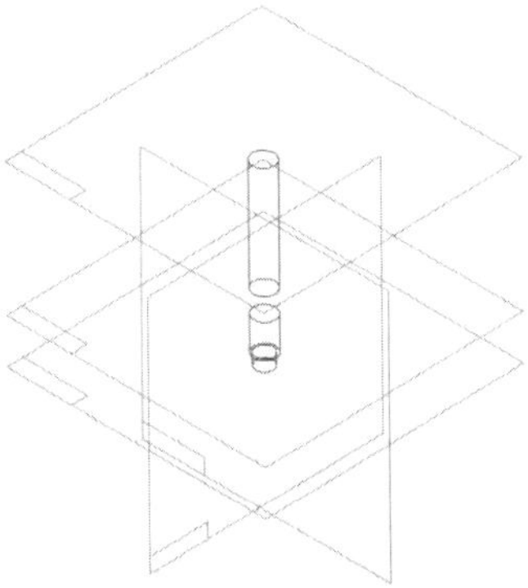

24. Button KREIS ÜBER MITTELPUNKT 

25. Durchmesser <12>
26. Kreis konzentrisch zu erstem Kreis anlegen ⇒ FERTIG STELLEN

27. Button ABMAß VON/BIS

28.  (zum Akzeptieren der Profilebene als Ausgangspunkt)

29. Ebene, auf der die Stirnfläche des zweiten Zylinders liegt ⇒ FERTIG STELLEN ⇒ ABBRECHEN

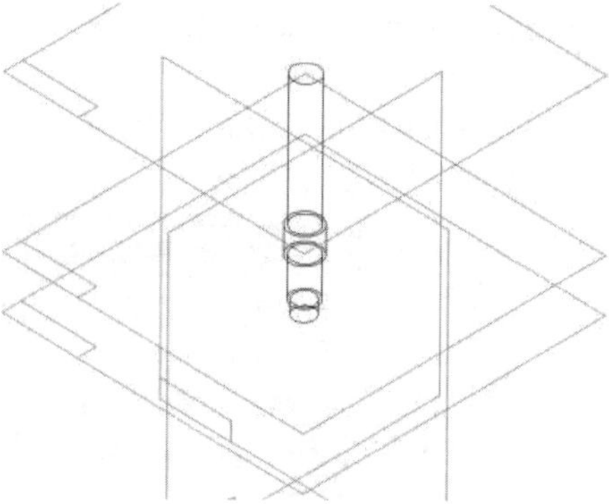

3.3.2 Modellieren des Ausschnittquaders

1. Button AUSSCHNITT 

2. Ebene in Längsachse der Welle auswählen
3. Button RECHTECK 

4. beliebiges Rechteck im Bereich des dritten Zylinders zeichnen

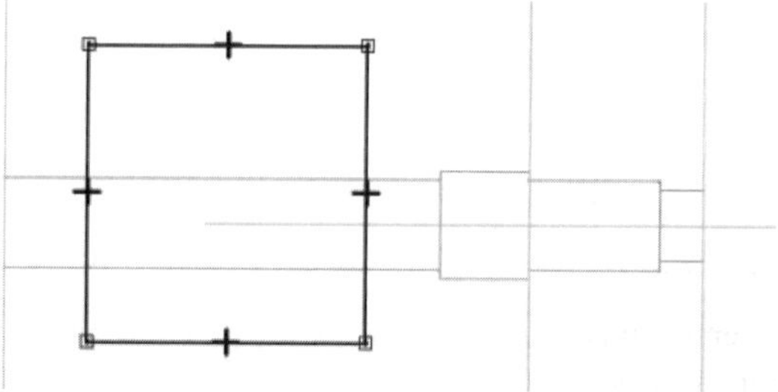

Hinweis: Rechteck kann allein durch Zeichnen der Diagonalen erzeugt werden.

5. Button KOLINEAR 

6. Die Waagerechten des Rechtecks in Übereinstimmung mit drittem Zylinder bringen

7. Button ABSTANDSBEMAßUNG 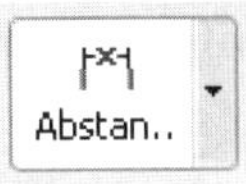

8. Linke Ebene auswählen
9. Linke Senkrechte des Rechtecks bemaßen und korrektes Maß eingeben
10. Linke Ebene auswählen, rechte Senkrechte des Rechtecks bemaßen und korrektes Maß eingeben

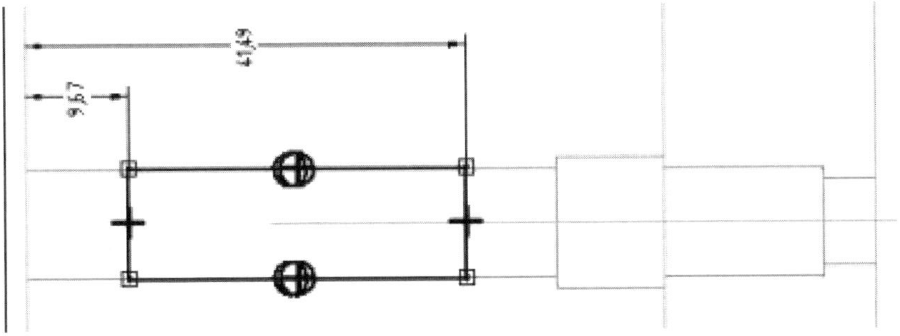

11. FERTIG STELLEN
12. Abstand <15> (Wert beliebig, aber größer als Radius des dritten Zylinders)
13. Richtung bestimmen
14.  im Arbeitsbereich
15. FERTIG STELLEN ⇒ ABBRECHEN

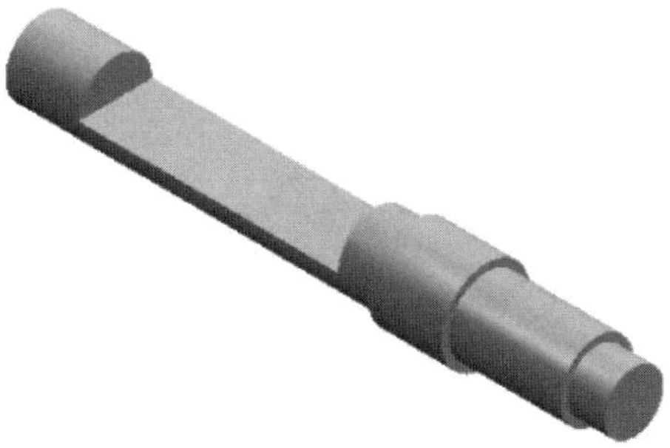

3.3.3 Erzeugen der Bohrungen

1. Button BOHRUNG 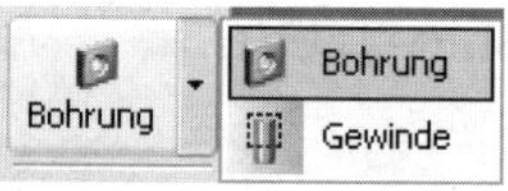

2. eine der beiden Bohrungen platzieren und bemaßen

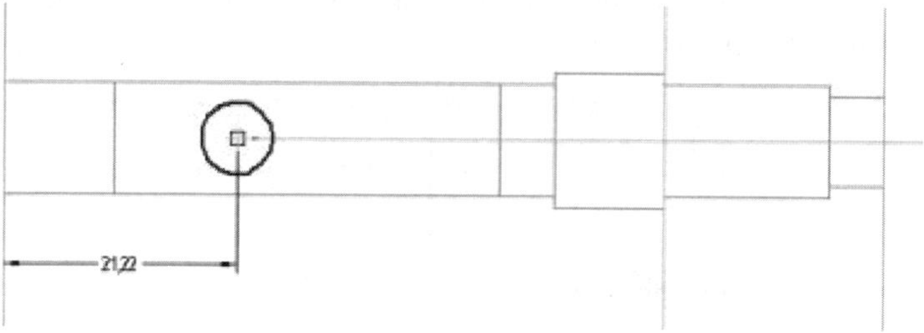

3. Button BOHROPTIONEN 
4. In Feld GESPEICHERTE EINSTELLUNGEN Name <Bohrung1> eingeben und SPEICHERN
5. Richtung wählen ⇒  ⇒ FERTIG STELLEN
6. FERTIG STELLEN
7. Zweite Bohrung platzieren. Die Einstellungen dafür aus der Dropdown-Liste neben Bohroptionen auswählen
8. Richtung wählen ⇒  ⇒ FERTIG STELLEN
9. Zuweisen der Farbe GRÜN

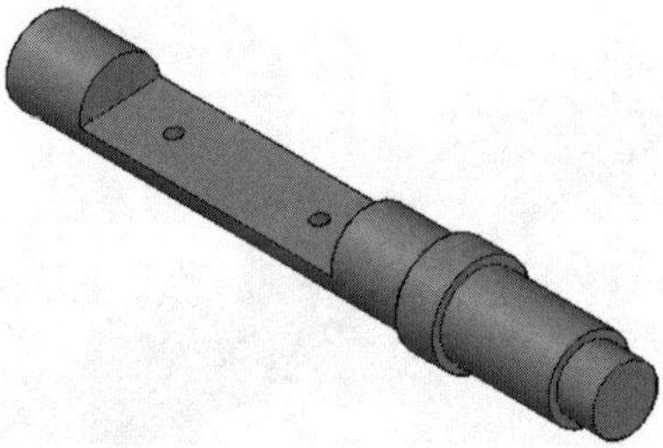

Hinweis: Es können beide Bohrungen auf einmal erstellt werden. Dazu bei Punkt 2. beide platzieren

3.4 Modellieren der Ventilplatte

Allgemeine Vorgehensweise

- Modellieren des Zylinders
- Modellieren eines Ausschnittes im Zylinder
- Einfügen der Bohrungen

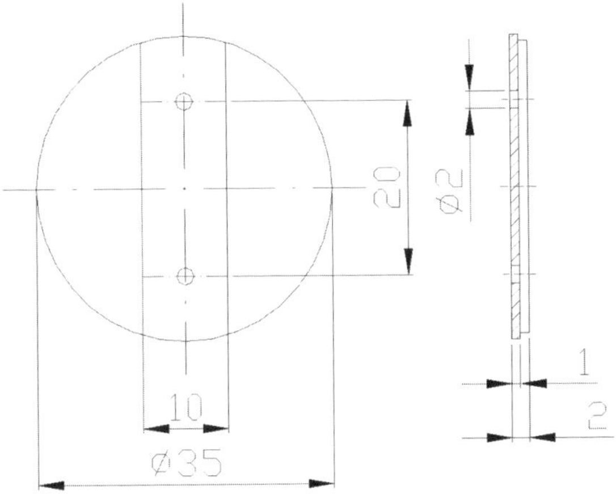

Datei neu erstellen:

Neue Part-Datei öffnen und unter <ventil.par> abspeichern

3.4.1 Erzeugen des Zylinders

Zylinder mit Durchmesser <35> und Höhe <2> als Ausprägung erzeugen

Hinweis:
Mittelpunkt des Kreises in den Schnittpunkt der Ebenen legen

Modellieren des Ausschnittquaders

1. Button AUSSCHNITT 

2. Obere Stirnfläche des Zylinders auswählen

3. Button RECHTECK

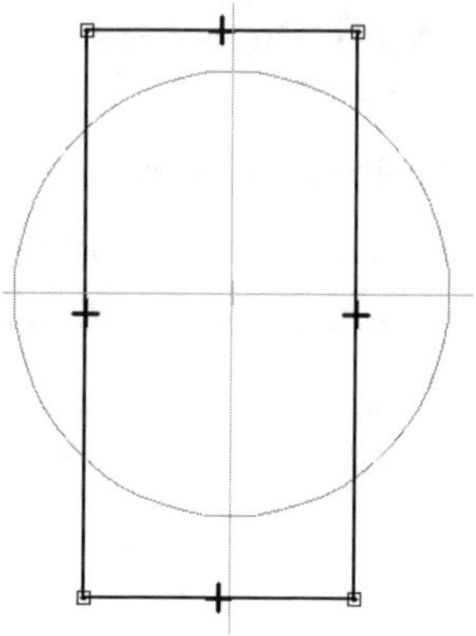

4. Beliebiges Rechteck zeichnen

5. Button TANGENTIAL
6. Waagerechten des Rechtecks in Übereinstimmung mit Zylinder bringen

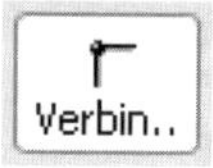

7. Button VERBINDEN
8. Mittelpunkt einer Waagerechten des Rechtecks auswählen
9. Senkrechte Ebene auswählen
10. Button SMARTDIMENSION

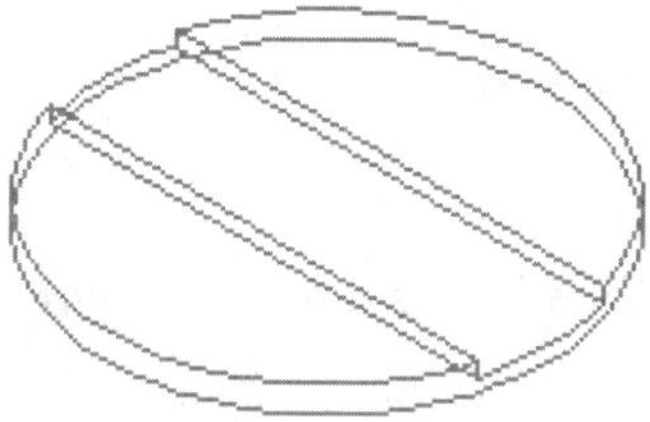

11. Eine Waagerechte des Rechtecks bemaßen und Maß korrigieren
12. Zurück ⇒ Abstand <1>
13. Richtung zum Inneren des Zylinders bestimmen
14.  im Arbeitsbereich ⇒ FERTIG STELLEN ⇒ ABBRECHEN

3.4.2 Erzeugen der Bohrungen

Erzeugen einer einfachen Bohrung als Feature (Button BOHRUNG 

)

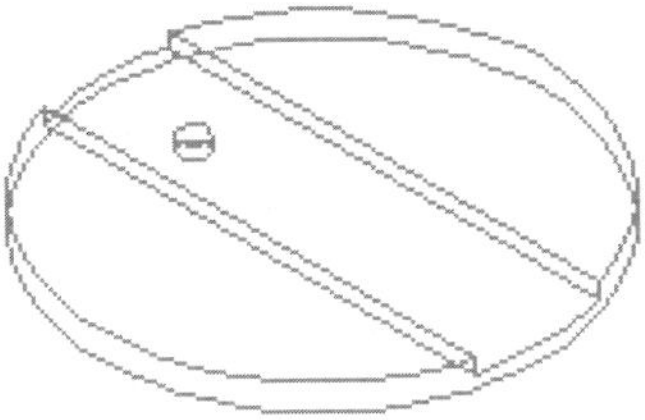

Hinweis:

Bohrloch vom Mittelpunkt des Zylinders aus bemaßen

Zweite Bohrung:

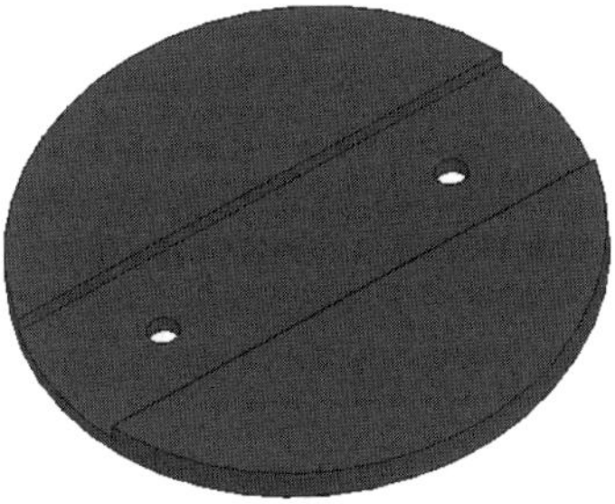

1. Button MUSTER 

2. Bohrung auswählen ⇒ AKZEPTIEREN 
3. Waagerechte Referenzebene auswählen
4. Button RECHTECKMUSTER 

5. Bohrungsmittelpunkt als erstes selektieren
6. Mit  positive y-Richtung beliebig festlegen
7. In Formatierungsleiste eingeben: x-Anzahl <2>, y-Anzahl <1>, Breite <20>
8. Zurück ⇒ FERTIG STELLEN
9. Zuweisen der Farbe ROT

3.5 Modellieren des Gehäuses

- Modellieren des Gehäusegrundkörpers
- Modellieren des Flansches
- Kopieren des Flansches als Kreismuster („Instanzieren“)
- Verrunden der Übergänge
- Einfügen der Bohrungen

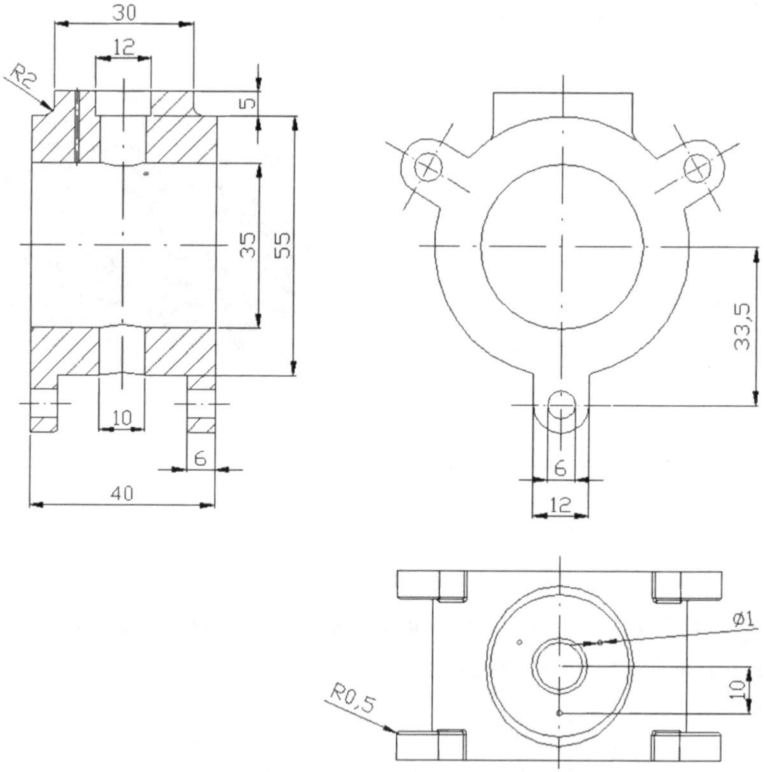

Datei neu erstellen:

Neue Part-Datei öffnen und unter <gehaeuse.par> abspeichern

3.5.1 Erzeugen des waagerechten Zylinders

Zylinder mit Durchmesser <55> und Höhe <40> als Ausprägung erzeugen (auf Hauptebene mit symmetrischem Abmaß )

Hinweis:
Mittelpunkt des Kreises in den Schnittpunkt der Ebenen legen

3.5.2 Erzeugen des senkrechten Zylinders mittels Hilfsebenen

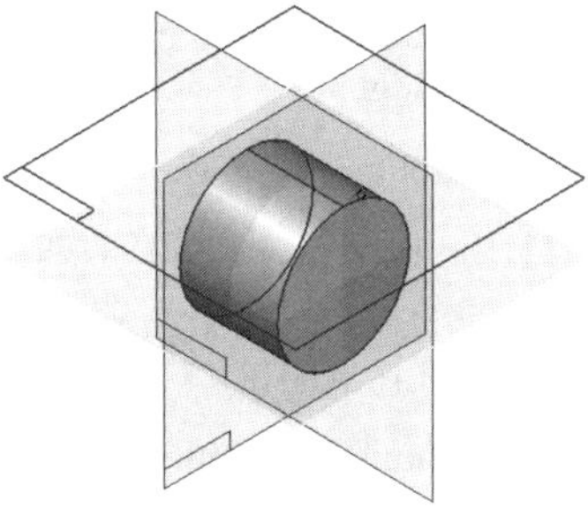

1. Button PARALLELE EBENE

2. Waagerechte Referenzebene auswählen

   Bei eingestelltem Button EIGENPUNKTE  sind alle Eigenpunkte aktiviert, ansonsten:

3. Button EIGENPUNKTE (Flyout / siehe rechts) ⇒ TANGENTIAL 

4. Oberseite des waagerechten Zylinders auswählen (Symbol "tangential"  erscheint) ⇒ 

5. Button AUSPRÄGUNG 

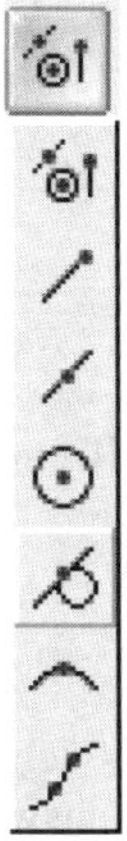

6. In Formatierungsleiste PARALLELEBENE Wählen
7. Zuletzt Erzeugte Referenzebene Auswählen
8. Abstand <5> ⇒ 
9.  Oberhalb Neuer Ebene Klicken
10. Button KREIS ÜBER MITTELPUNKT 

11. Kreis in Schnittpunkt der zwei Ebenen legen
12. Durchmesser <30> ⇒ Zurück
13. Button ZUR NÄCHSTEN TEILFLÄCHE 
14. Richtung zur Mitte des waagerechten Zylinders wählen ⇒ 
15. FERTIG STELLEN
16. ABBRECHEN

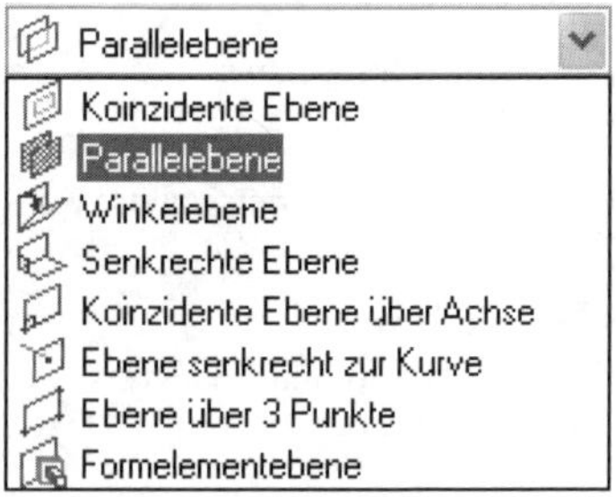

3.5.3 Modellieren des Flansches

1. Button AUSPRÄGUNG 

2. Eine Stirnfläche des waagerechten Zylinders auswählen

   Button TANGENTENBOGEN

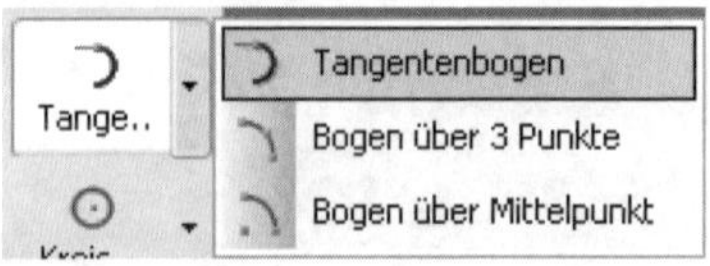

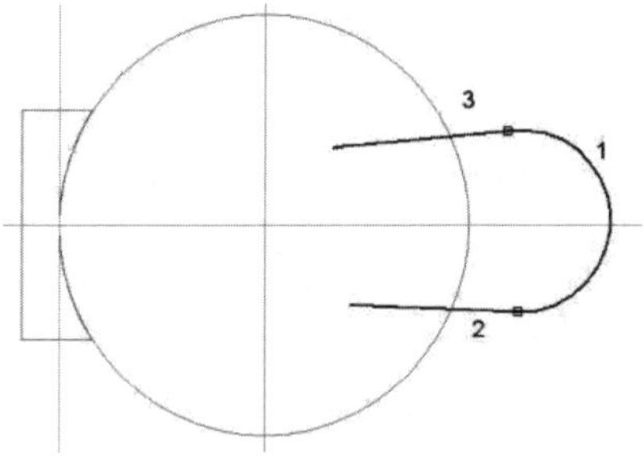

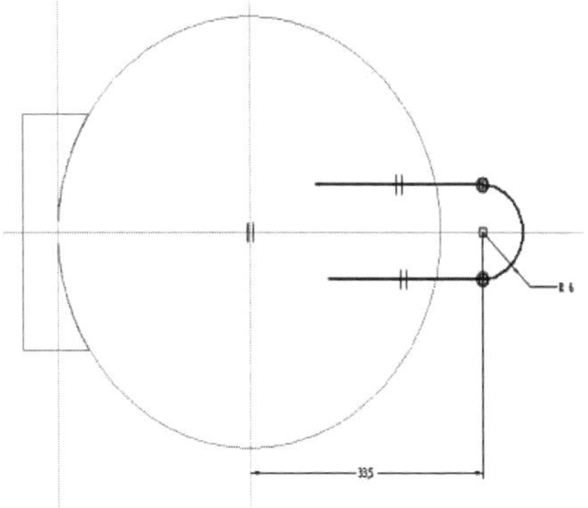

3. Bogen 1 willkürlich außerhalb des Zylinders zeichnen
4. Button LINIE

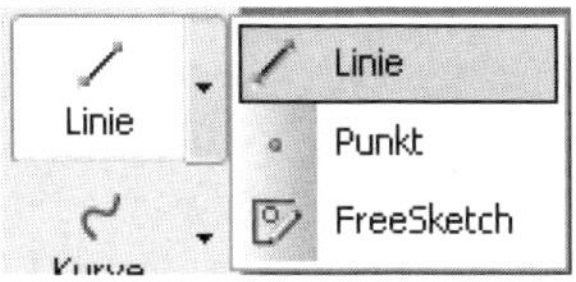

5. Linie 2 bis innerhalb des Zylinders zeichnen
6. Linie 3 bis Anfangspunkt von Bogen 1 zeichnen
7. Button TANGENTIAL 

8. Bogen 1, Linie 2 und Linie 3 bestimmen
9. Button PARALLEL 

10. Linien 2 und 3 als parallel zur waagerechten Referenzebene bestimmen
11. Button VERBINDEN 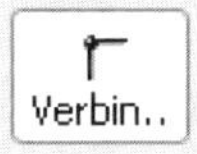

12. Bogenmittelpunkt mit waagerechter Referenzebene verbinden
13. Button ABSTANDSBEMAßUNG 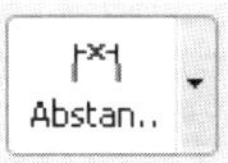

14. Abstand von senkrechter Referenzebene zum Zentrum von Bogen 1 bemaßen und Maß korrigieren <33,5>
15. Button SMARTDIMENSION 

16. Bogen bemaßen und Maß korrigieren <R6> ⇒ Zurück

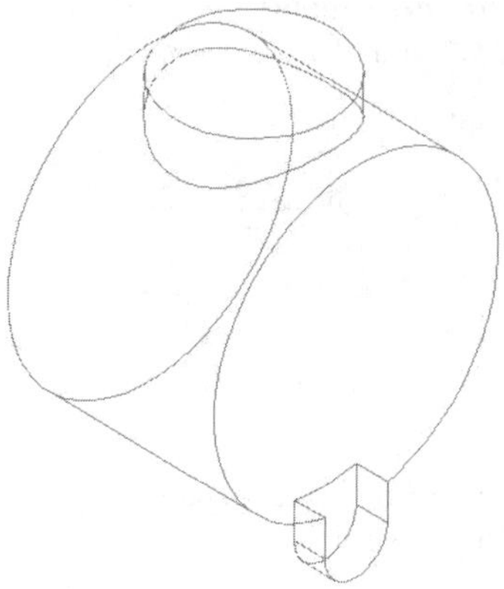

17. Pfeilrichtung zur Flanschmitte
18. Abstand <6> ⇒
19. Richtung zur Gehäusemitte hin bestimmen
20. im Arbeitsbereich ⇒ FERTIG STELLEN ⇒ ABBRECHEN

3.5.4 Modellieren der Flanschbohrung

Flanschbohrung als einfache Bohrung mit dem Durchmesser <6> erzeugen

Hinweis:
Bohrung konzentrisch zum Flanschbogen platzieren

3.5.5 Modellieren der Flanschverrundung

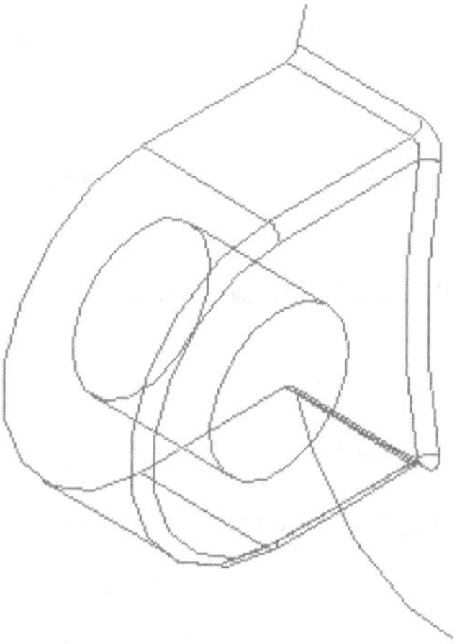

1. Modell drehen
2. Button VERRUNDUNG

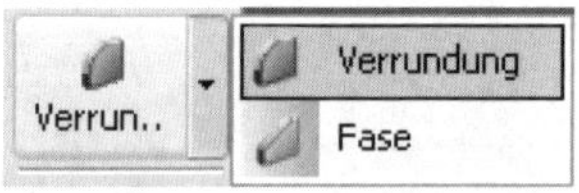

3. Oberkanten des Flansches und Übergangskanten vom Flansch zum Gehäuse auswählen
4. Radius <0,5>
5. AKZEPTIEREN ⇒ VORSCHAU ⇒ FERTIG STELLEN ⇒ ABBRECHEN

3.5.6 Kopieren des Flansches als Kreismuster

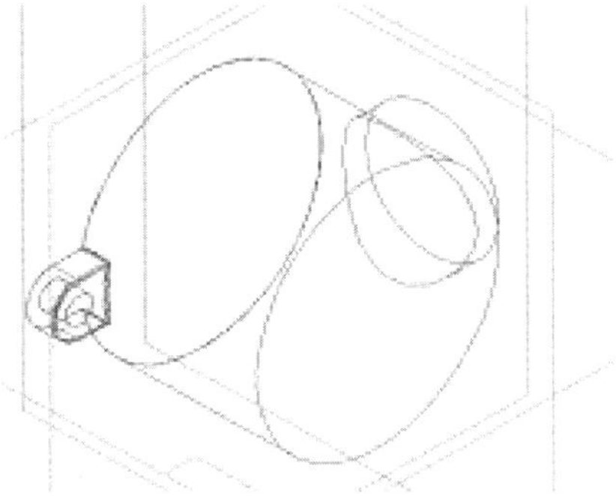

1. Button MUSTER
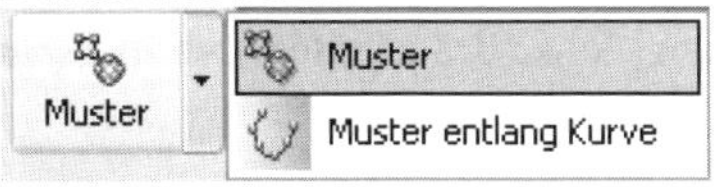

2. Flansch, Flanschbohrung und Verrundung auswählen (in der EdgeBar anklicken)
3. AKZEPTIEREN 
4. Rückseitige Stirnfläche des Zylinders auswählen
5. Button KREISMUSTER 

6. Kreis konzentrisch zu Zylinder zeichnen ⇒ Drehrichtung festlegen 
7. Anzahl <3> ⇒ 
8. Beim Bemustern von Formelementen auf„Smart“ klicken, falls „Schnell“ fehlschlägt)

9. ⇒ FERTIG STELLEN

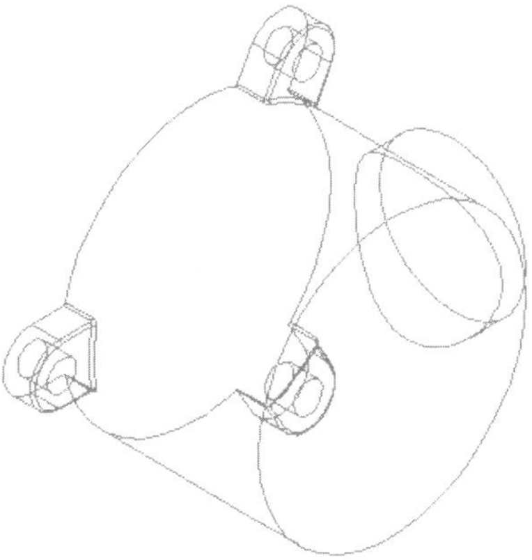

3.5.7 Spiegeln der Flansche auf die andere Seite des Zylinders

1. Button FORMELEMENT SPIEGELN

2. Originalflansch, Bohrung, Verrundung und Muster 1 anwählen (in der EdgeBar)

3. Button SMART  ⇒ AKZEPTIEREN 
   (Schnellmuster funktioniert bei komplexeren Aktionen nicht mehr)
4. senkrechte Referenzebene in der Längsachse des zweiten Zylinders auswählen
5. FERTIG STELLEN

3.5.8 Modellieren der großen Bohrung

Große Bohrung als einfache Bohrung mit dem Durchmesser <35> erzeugen

Hinweis: Bohrung konzentrisch zum Hauptzylinder platzieren

3.5.9 Modellieren der Bohrung für die Welle

1. Button BOHRUNG 

2. Stirnfläche des senkrechten Zylinders auswählen
3. Bohrloch konzentrisch zum senkrechten Zylinder platzieren
4. Bohrung mittels BOHROPTIONEN  als STUFENBOHRUNG festlegen, Maße laut Zeichnung

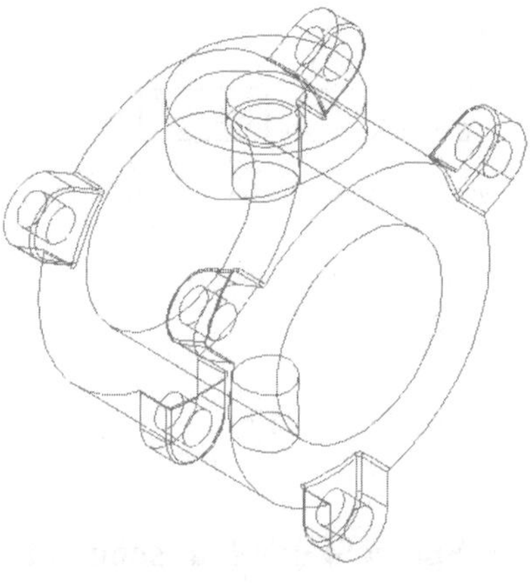

3.5.10 Modellieren der Bohrungen für den Deckel

1. Erzeugung einer einfachen Bohrung mit dem Durchmesser <1> und dem Abstand <10> von der Mittelachse des senkrechten Zylinders

2. Bohrung auf senkrechter Referenzebene platzieren
3. In BOHROPTIONEN:
   ⇒ ZUR NÄCHSTEN TEILFLÄCHE  wählen
   ⇒ FERTIG STELLEN

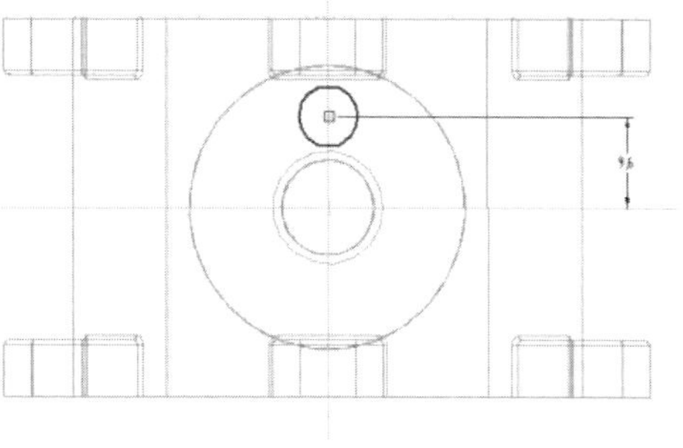

3.5.11 Kopieren der Bohrung als Kreismuster

Die restlichen zwei Bohrungen als Kreismuster erzeugen, Mustermittelpunkt ist die Stufenbohrung

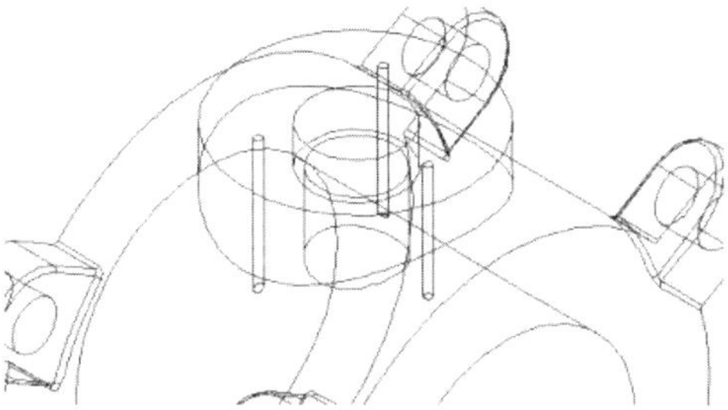

3.5.12 Modellieren der Gehäuseverrundung

1. Button VERRUNDUNG

2. Übergangskante zwischen Gehäusezylindern auswählen
3. Radius <2>
4. AKZEPTIEREN 
5. VORSCHAU ⇒ FERTIG STELLEN ⇒ ABBRECHEN
6. Zuweisen der Farbe SILBER

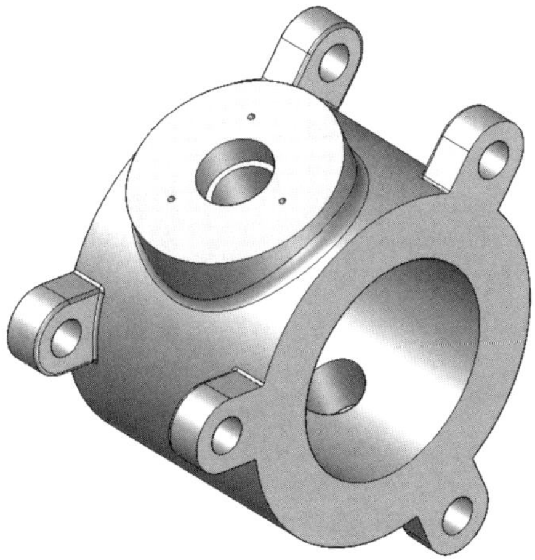

4 Zusammenbau (Assemblies)

Dieses Kapitel befaßt sich mit dem Zusammenfügen von Einzelteilen zu Baugruppen. Im ersten Abschnitt erfolgt hierzu eine Erläuterung grundlegender Definitionen und Anordnungsbeziehungen von Bauteilen. Im Anschluß daran werden die spezifischen Symbolleisten und unterschiedlichen Buttons erklärt. Der nächste Abschnitt beinhaltet den Zusammenbau einer kompletten Baugruppe aus den Einzelteilen aus Kapitel 3. Im folgenden Abschnitt wird beispielhaft ein zusätzliches Einzelteil (Blindflansch) direkt in der Baugruppe erzeugt. Dabei werden Geometriemerkmale der Baugruppe zur Modellierung mitverwendet. Den vorletzten Abschnitt bilden das Hinzufügen einer Baugruppe bestehend aus einer Schraube und Scheibe sowie das Erzeugen von Bauteilmustern. Anschließend erfolgt eine kurze Einführung in die Kollisionsanalyse, danach wieder einige Kontrollfragen.

4.1 Zusammenbauoptionen

4.1.1 Definitionen

Assembly Sammlung von zusammengehörigen Teilen (Baugruppe), die auch aus Unterbaugruppen bestehen kann. In Solid Edge sind Assemblies grundsätzlich durch die Erweiterung *asm* gekennzeichnet.

Komponente Einzelteil oder Unterbaugruppe

Bottom-Up Modelling Komponenten existieren bereits als isoliertes Modell und werden als solches behandelt. Wird die Komponente verändert, so hat das ein Update der Assembly-Datei zur Folge, sobald diese erneut aufgerufen wird.

Beziehung Bedingungen, die für die einzelnen Komponenten Gültigkeit haben. Jede Komponente kann ein oder mehrere solcher Bedingungen besitzen. Sie definiert die geometrische Lage innerhalb der Baugruppe.

Mit der Solid Edge – Assembly-Umgebung können komplexe Baugruppen konstruiert werden.

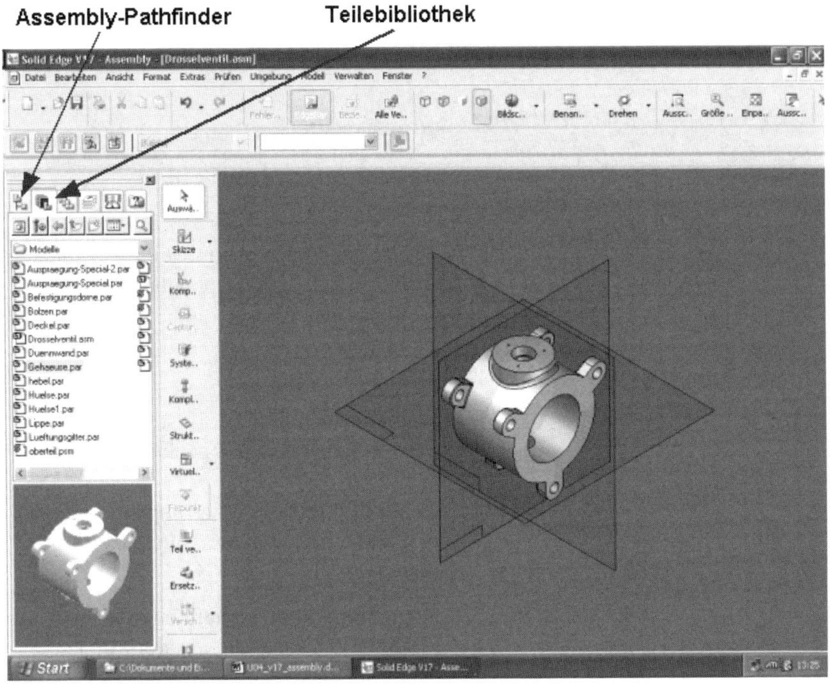

Die Aufteilung der Symbolleisten entspricht der Part-Umgebung. Die EdgeBar hat in der Assembly-Umgebung eine noch größere Bedeutung.

4.2 Erläuterungen zur Hauptsymbolleiste ASSEMBLIES

Die Funktionen der Hauptsymbolleiste entsprechen im Wesentlichen denen der Part-Umgebung.

Fehlerassistent [zeigt eine Liste mit Fehlern und Warnungen an]

4.3 Erläuterungen zur anwendungsspezifischen Symbolleiste

	Auswählen [eines Elementes]
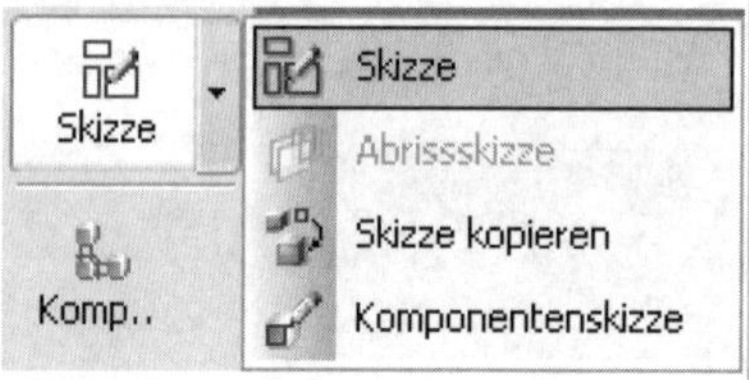	Skizze [Zeichnen einer zweidimensionalen Struktur, auf der Komponenten plaziert werden können]
	Komponentenmontage [erstellt Beziehungen zwischen Baugruppenkomponenten]
	CaptureFit [erfasst Baugruppenbeziehungen und ermöglicht vereinfachtes Positionieren]
	Systembibliothek [erstellt ein Systembibliotheks-Dokument aus der offenen Baugruppe]
	Komplettverschraubung [platziert Verschraubungen in der Baugruppe]
	Strukturrahmen [öffnet die Umgebung zum Erstellen von Strukturrahmen]
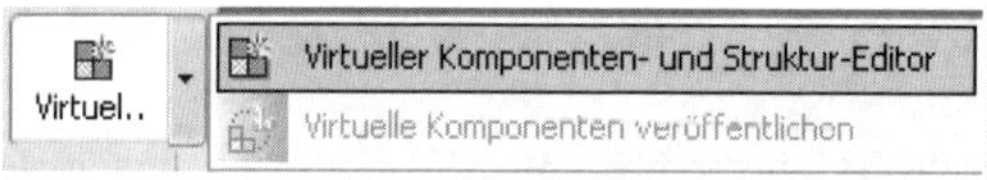	Virtueller Komponenten- und Struktur-Editor [erstellt virtuelle Komponenten und bcarbeitet die Struktur der Baugruppe]
	Fixpunkt [zum Fixieren einer Komponente]
	Teil verschieben [verschiebt unvollständig bestimmte oder fixierte Teile]

Ersetzen [ersetzt ein gewähltes Teil oder eine Unterbaugruppe]

Verschieben [verschiebt ausgewählte Vorkommnisse zu einer neuen oder vorhanden Baugruppe]

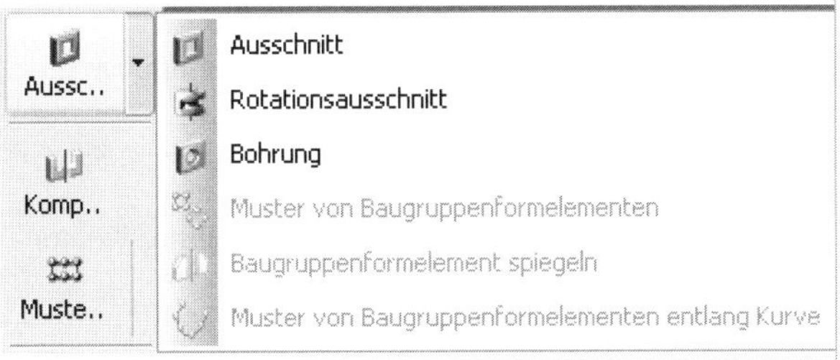

Baugruppenformelemente [erzeugt Formelemente über die ganze Baugruppe → Bedienung wie in Part]

Komponenten spiegeln [spiegelt ausgewählte Baugruppenkomponenten]

Muster von Teilen [erstellt ein aus den markierten Teilen bestehendes Muster]

Koordinatensystem [erstellt ein benutzerdefiniertes Koordinatensystem]

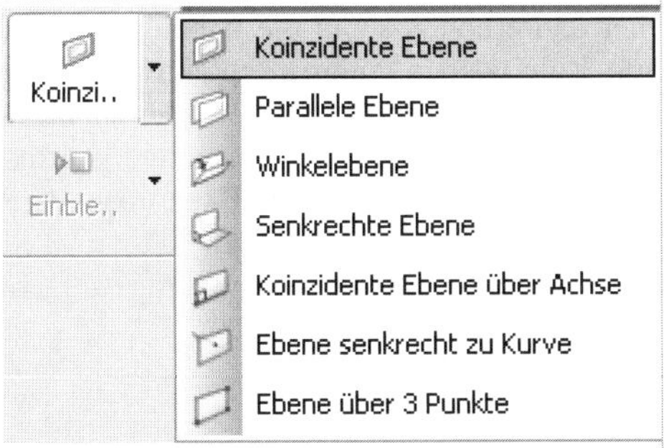

Referenzebenen [erzeugt Referenzebenen → Bedienung wie in Part]

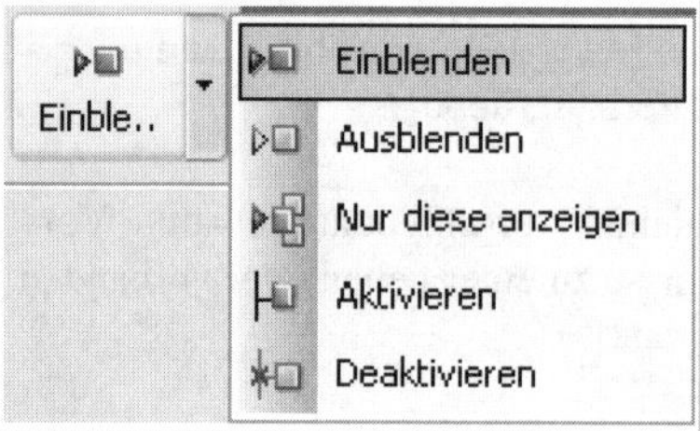	Als Dropdown-Menü sind verschiedene Befehle für das Ein-/Ausblenden von Elementen verfügbar
	Einblenden [ausgewählter Komponenten]
	Ausblenden [ausgewählter Komponenten]
	Nur diese anzeigen [ausgewählter Komponenten]
	Aktivieren [ausgewählter Komponenten]
	Deaktivieren [ausgewählter Komponenten]

- EIN- und AUSBLENDEN bestimmter Komponenten kann dazu verwendet werden, die Übersichtlichkeit der Darstellung zu erhöhen. Das Auffinden und Auswählen benötigter Teile wird dadurch beschleunigt.
- AKTIVIEREN und DEAKTIVIEREN werden verwendet, wenn Teile nicht ausgeblendet werden können. Diese werden dann weiterhin angezeigt, belegen aber weniger Arbeitsspeicher und erhöhen somit die Arbeitsgeschwindigkeit des Systems. Deaktivierte Teile werden automatisch aktiviert, wenn sie zur Positionierung eines anderen Teils verwendet werden oder sie durch die Befehle BEARBEITEN bzw. ÖFFNEN in der Part-Umgebung geöffnet werden. Deaktivierte Teile sind farblich vom Rest einer Baugruppe abgesetzt.

4.4 Erläuterung der verschiedenen Beziehungstypen

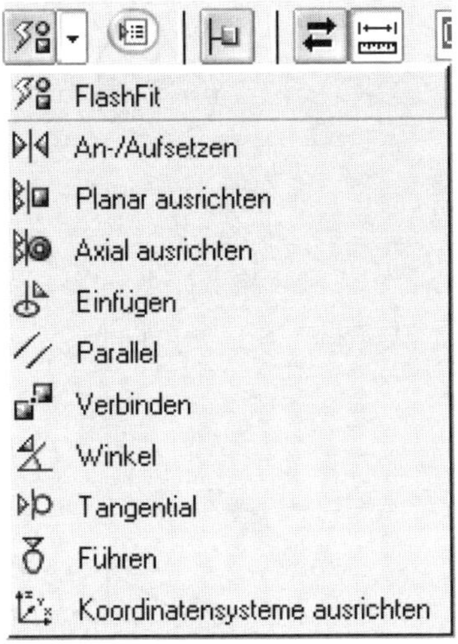

Beim Einfügen eines neuen Elements erscheint in der Formatierungsleiste nebenstehendes Dropdown-Menü.

AN-/AUFSETZEN definiert zwei Flächen als parallel zueinander. Es ist möglich, einen Abstand (Offset) anzugeben.

FÄCHE auf FLÄCHE

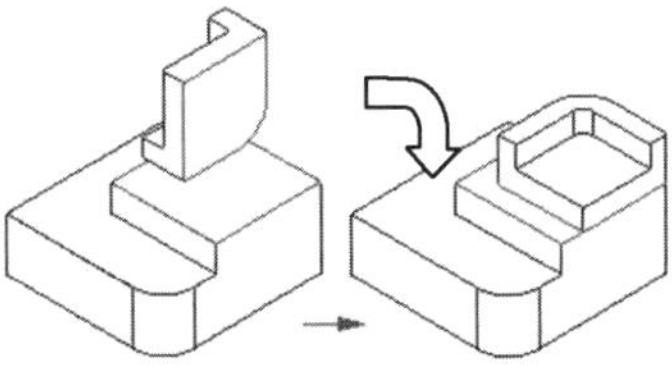

PLANAR AUSRICHTEN richtet planare Flächen gegeneinander aus

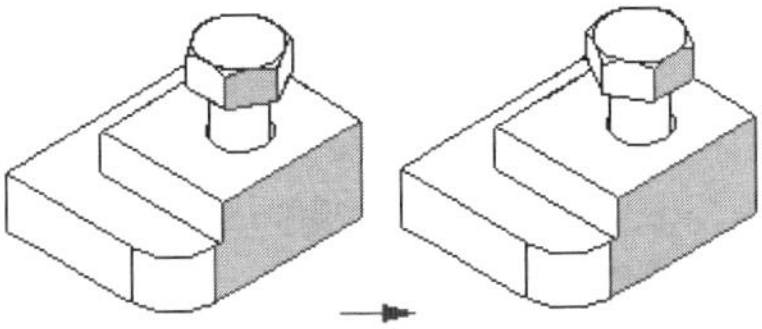

AXIAL AUSRICHTEN richtet Zylinderflächen gegeneinander aus

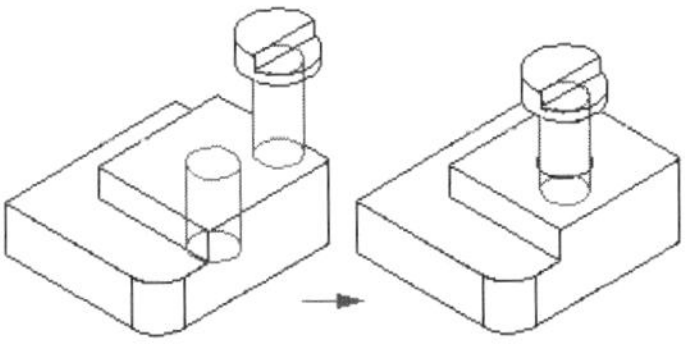

EINFÜGEN wird zum Platzieren von achsensymmetrischen Teilen verwendet. Der Befehl EINFÜGEN kombiniert eine An-/Aufsetzbeziehung und eine axiale Ausrichtungsbeziehung. Ein Drehwinkel kann dabei nicht bestimmt werden!

VERBINDEN positioniert einen Eigenpunkt eines Teils auf einen Eigenpunkt, eine Linie oder Teilfläche eines anderen Teils

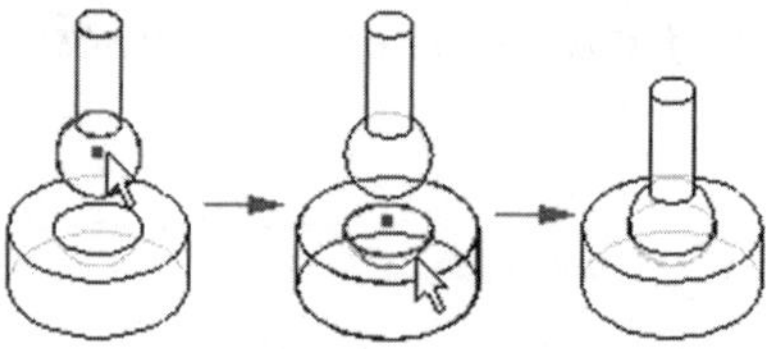

WINKEL definiert eine Winkelbeziehung zwischen zwei Bauteilen. Der Winkelwert der Beziehung kann geändert werden, um das Teil in der Baugruppe zu drehen.

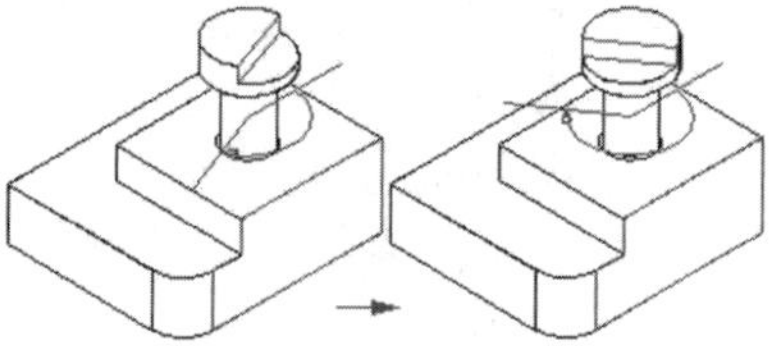

TANGENTIAL legt zwei Elemente als tangential zueinander fest. Der Befehl ist auf zwei Bögen oder einen Bogen und eine Linie anwendbar.

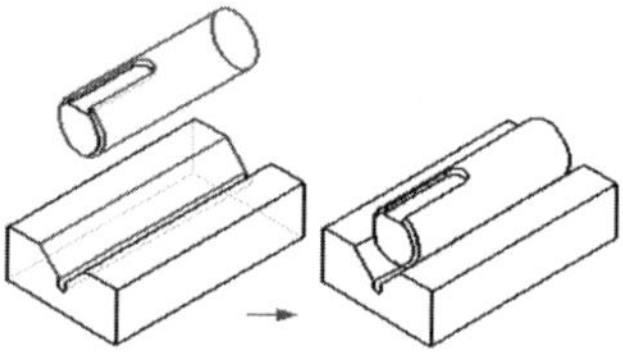

FÜHREN weist eine Führungsbeziehung zwischen einer geschlossenen Schleife von tangentialen Teilflächen eines Teils (A) und einer einzelnen nachfolgenden Teilfläche eines anderen Teils (B). Bei der nachfolgenden Teilfläche kann es sich um eine Ebene, einen Zylinder, eine Kugel oder einen Punkt handeln.

Vgl. Nockenwelle

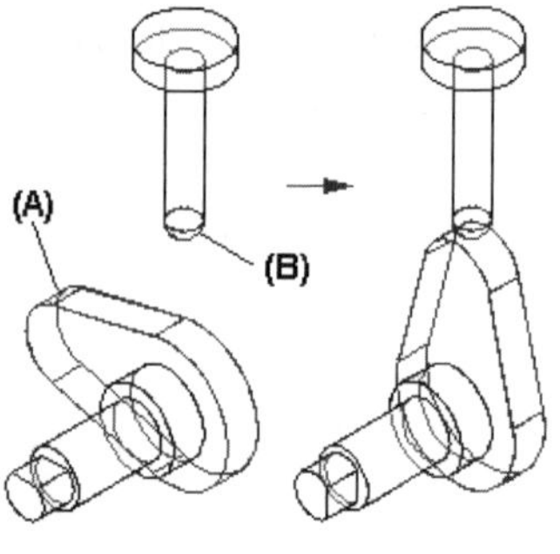

4.5 Erläuterung der Symbole im PathFinder

	Aktives Teil		Vereinfachtes Teil
	Deaktiviertes Teil		Eingeblendete Baugruppe
	Ausgeblendetes Teil		Mustergruppe
	Entladenes Teil		Musterelement
	Nicht vollständig positioniertes Teil		Layout
	Teil mit inkompatiblen Beziehungen	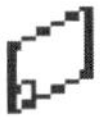	Referenzebene
	Verknüpftes Teil		Skizze

4.6 Zusammenbau des Drosselventils

Datei neu erstellen:

Neue Assembly-Datei öffnen und unter <drosselventil.asm> speichern

Hinweis:
Es ist darauf zu achten, dass die Option AUTOMATISCH AKTUALISIEREN im Menü EXTRAS -> AKTUALISIEREN eingeschaltet ist.

4.6.1 Einfügen des Gehäuses

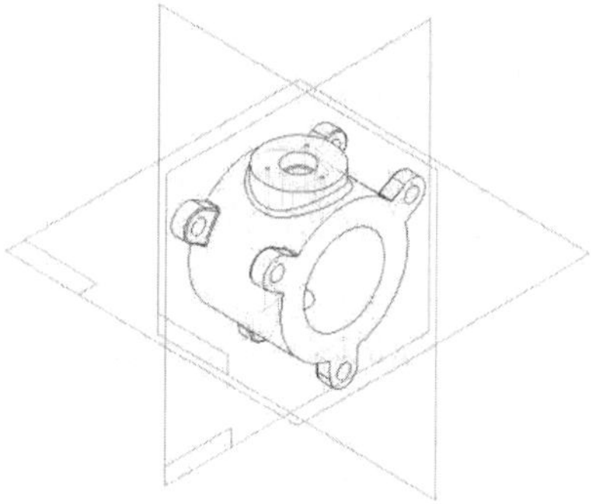

1. In der EdgeBar die TEILEBIBLIOTHEK  aktivieren
2. <“gehaeuse“> auswählen ⇒ in den Arbeitsbereich ziehen

4.6.2 Einfügen der Welle

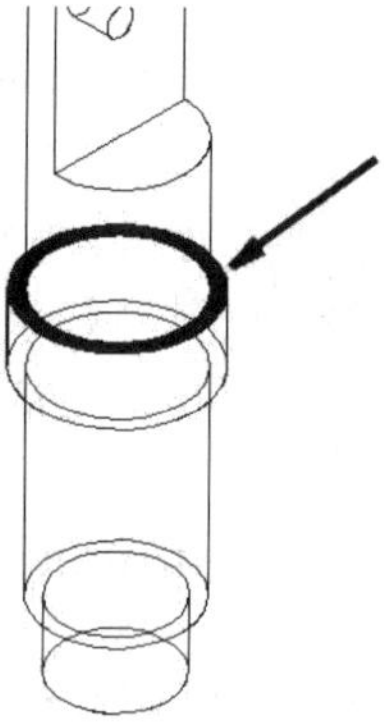

1. Über die EdgeBar ⇒ TEILEBIBLIOTHEK
2. <“welle“> Doppelklick
3. Welle erscheint im Hauptarbeitsfenster
4. In der Formatierungsleiste wird angezeigt „Beziehung wird erstellt 1“
5. Verknüpfung Fläche auf Fläche

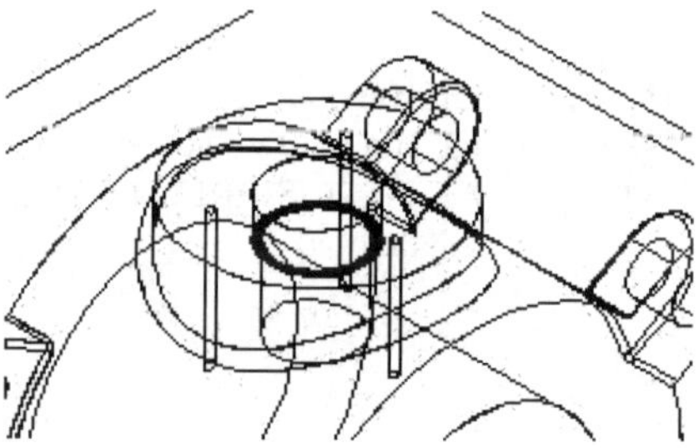

6. Wellenbund selektieren (Fläche ist zur besseren Erkennbarkeit farblich hervorgehoben)
7. Absatz der Senkbohrung im Gehäuse auswählen
8. Welle wird eingefügt
9. In der Beziehungsliste wird angezeigt „Beziehung wird erstellt 2“

10. ASSEMBLY PATHFINDER

 zeigt an, dass die Welle noch nicht vollständig festgelegt ist

 weitere Beziehungen sind notwendig

11. Button AXIAL AUSRICHTEN

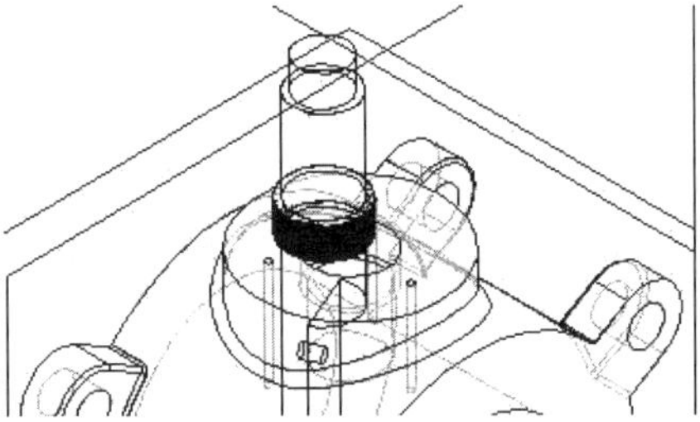

12. Mantelfläche des Wellenbundes wählen (siehe Bild)
13. Bohrung im Gehäuse anwählen
14. In der Beziehungsliste wir angezeigt „Beziehung wird erstellt 3“

Die dritte Beziehung als Winkelbeziehung definieren.

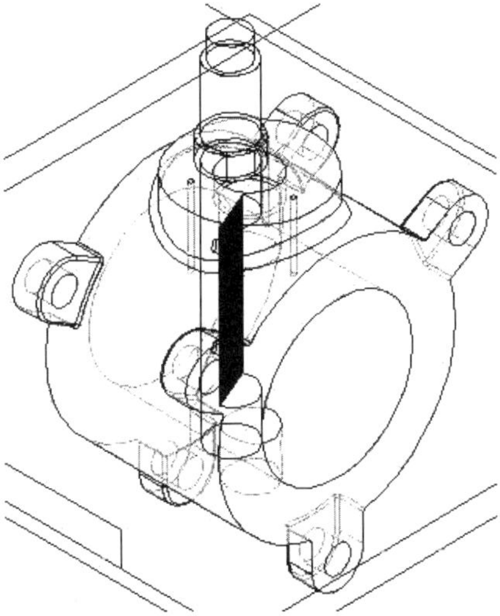

1. Button WINKEL 
2. Winkel eingeben
3. Abflachung der Welle auswählen
4. Eine Stirnfläche des Gehäuses auswählen
5. Welle ist vollständig bestimmt

Der Winkel kann später über EXTRAS/ VARIABLE geändert werden, oder durch Anklicken der Beziehung im ASSEMBLY PATHFINDER

Alternative:

15. Mantelfläche der Senkbohrung auswählen
16. Teil ist noch nicht vollständig bestimmt
17. Button PLANAR AUSRICHTEN 

18. Button VERÄNDERLICHER OFFSET 
19. Abflachung der Welle auswählen
20. eine Stirnfläche des Gehäuses auswählen
21. Welle ist vollständig bestimmt

Ausblenden des Gehäuses für bessere Übersichtlichkeit:

1. Gehäuse auswählen
2. Button AUSBLENDEN

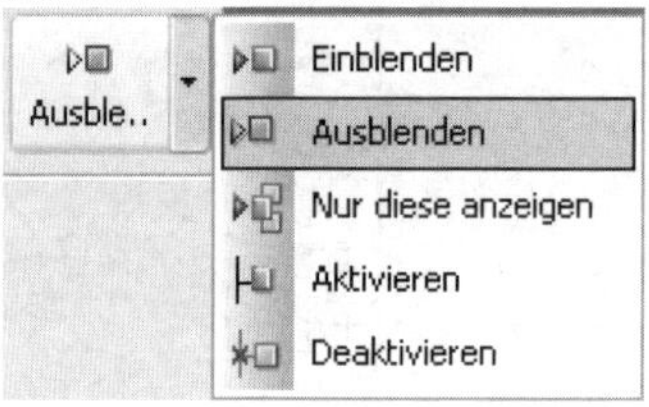

im Flyout-Button

4.6.3 Einfügen der Ventilplatte

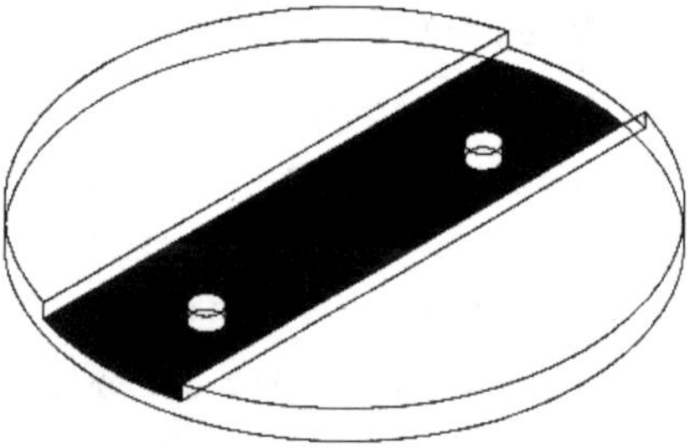

1. Über die EdgeBar
2. <"ventil"> Doppelklick
3. Button FESTER OFFSET 

   (An/Aufsetzen  muss aktiviert sein)
4. Ebene Ausschnittfläche der Platte wählen (siehe Bild)
5. 2 Bohrungen axial positionieren

4.6.4 Einblenden des Gehäuses

1. Gehäuse im PATHFINDER  selektieren ⇒ Button EINBLENDEN

   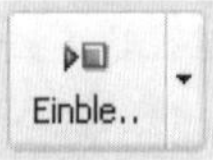

2. Das Aktivieren des Gehäuses erfolgt automatisch bei Bedarf.

Ausblenden und Deaktivieren von Ventil und Welle für bessere Übersichtlichkeit:

Ventil und Welle im PATHFINDER  selektieren ⇒ Button Ausblenden

4.6.5 Einfügen des Deckels

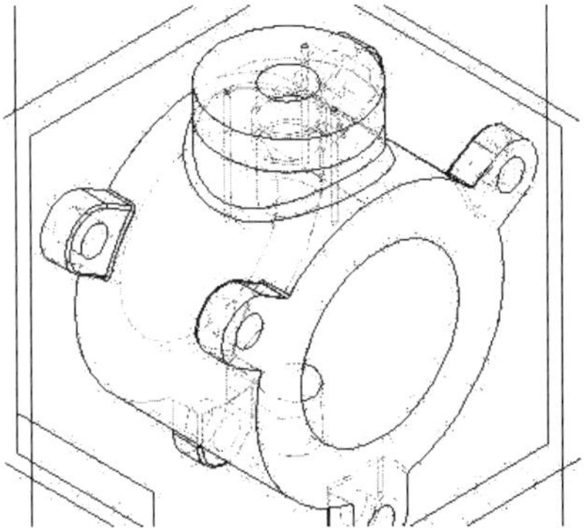

1. Über die EdgeBar ⇒ TEILEBIBLIOTHEK 
2. <“deckel“> Doppelklick
3. Button AN-/ AUFSETZEN 
4. Offset <0> ist voreingestellt
5. Eine Stirnfläche des Deckels wählen
6. Stirnfläche des senkrechten Zylinders selektieren
7. Deckel wird platziert
8. Button AXIAL AUSRICHTEN 
9. Mantelfläche der zentralen Bohrung im Deckel auswählen
10. Mantelfläche der Senkbohrung im Gehäuse auswählen
11. Mantelfläche einer Befestigungsbohrung im Deckel auswählen
12. Mantelfläche einer Befestigungsbohrung im Gehäuse auswählen

4.6.6 Einblenden der Welle

1. Welle im PATHFINDER 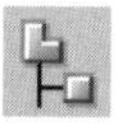 selektieren
2. Button EINBLENDEN

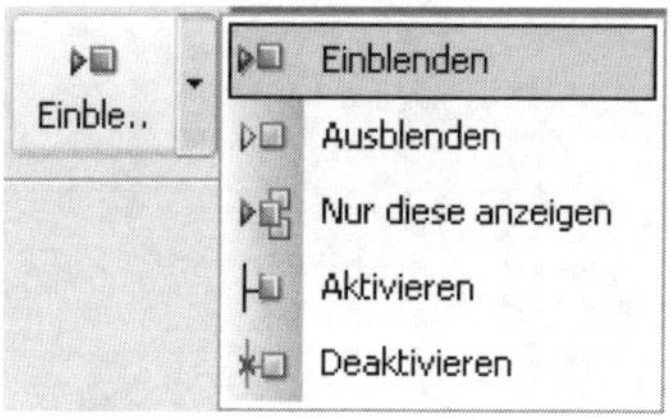

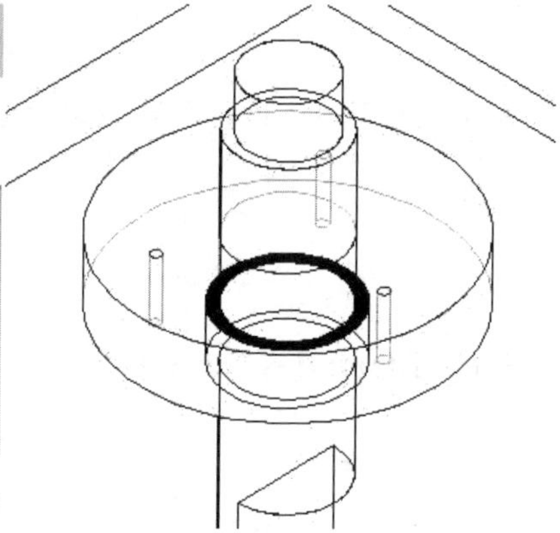

Das Aktivieren der Welle erfolgt automatisch.

Ausblenden des Gehäuses für bessere Übersichtlichkeit:

Gehäuse ausblenden und damit deaktivieren

4.6.7 Einfügen des Hebels

1. Über die EdgeBar ⇒ TEILEBIBLIOTHEK
2. <“hebel“> Doppelklick
3. Button AXIAL AUSRICHTEN 
4. Mantelfläche der größeren Bohrung im Hebel wählen
5. Eine Mantelfläche der Welle selektieren
6. Button AN-/ AUFSETZEN 
7. Offsetabstand eingeben: 0,5 mm
8. Eine Stirnfläche des größeren Hebelauges selektieren
9. Obere Stirnfläche des Deckels selektieren
10. Button WINKEL 
11. Winkel auf ca. 2,5° einstellen

12. Seitenfläche des Hebels selektieren
13. Abflachung der Welle selektieren
14. Hebel ist vollständig bestimmt

Alternative:

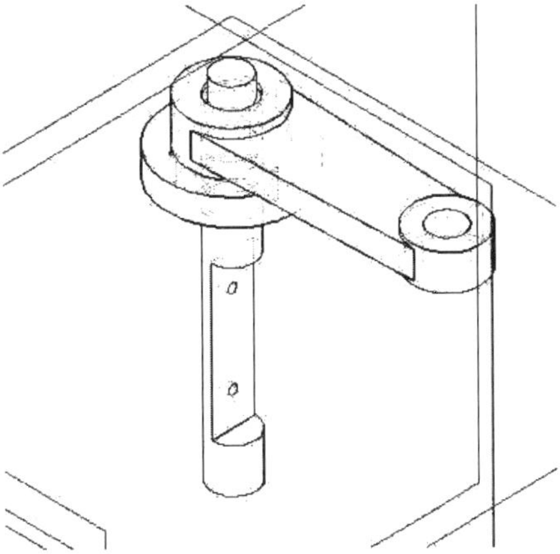

1. Über die EdgeBar
2. <“hebel.par“> Doppelklick
3. Button EINFÜGEN 
4. Mantelfläche der größeren Bohrung im Hebel wählen
5. Eine Mantelfläche der Welle selektieren
6. Eine Stirnfläche des größeren Hebelauges selektieren
7. Stirnfläche des Wellenbundes auswählen
8. Button FESTER OFFSET  <6> (Dicke des Deckels) $\Rightarrow$ OK
9. Hebel wird platziert

4.6.8 Einblenden der übrigen Teile

1. Gehäuse im PATHFINDER  selektieren
2. Button EINBLENDEN

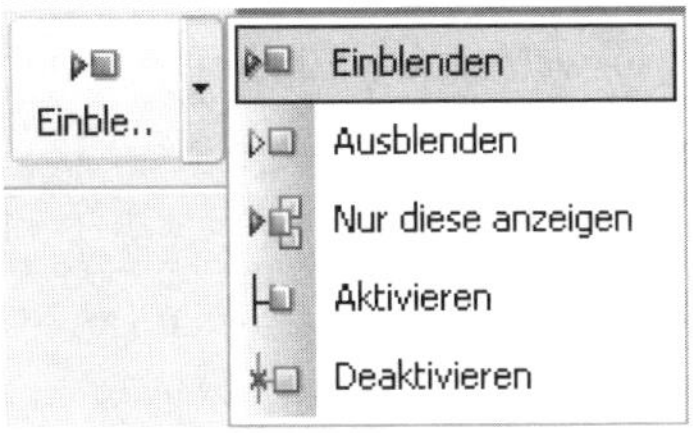

4.7 Modellieren eines Blindflansches

4.7.1 Extrudieren aus Gehäuseumriss

1. Über die EdgeBar TEILEBIBLIOTHEK
2. Button VOR ORT ERSTELLEN 
3. Dateiname: <“blindflansch“>
4. Dateiablage: Y:\Eigene Dateien
5. Button GRAPHISCHE EINGABE ⇒ OK

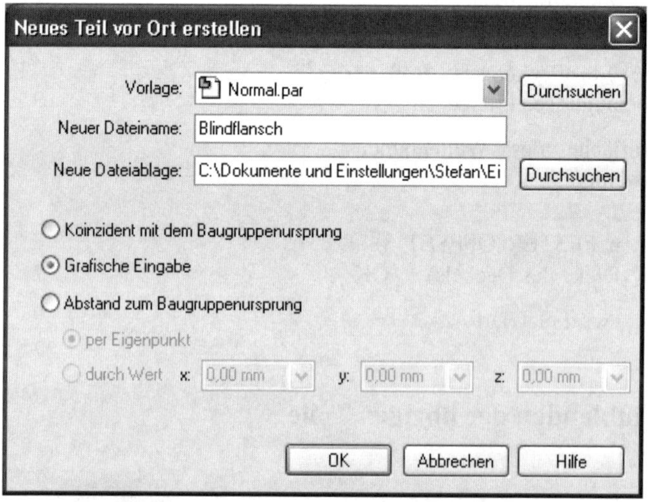

6. Gehäuse auswählen
7. Eine Stirnfläche des Gehäuses auswählen
8. Referenzebene (parallel zum Deckel) auswählen (x-y Ebene)
9. Erscheinende rote Linie anklicken
10. Im Hauptarbeitsfenster 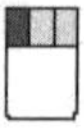 klicken
11. Part-Fenster öffnet sich

12. Button SKIZZE 

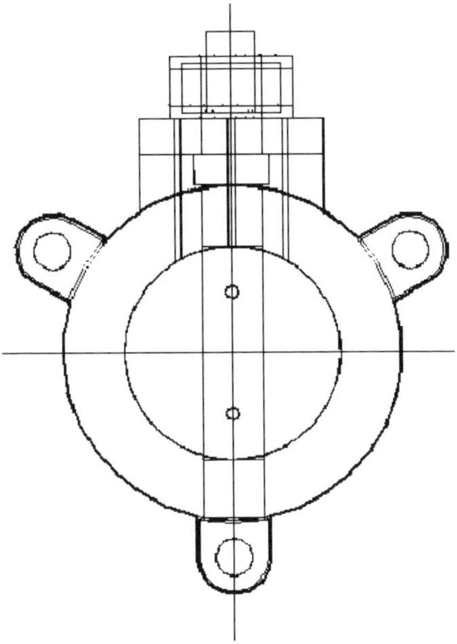

13. Referenzebene an der Gehäusestirnseite auswählen
14. Button EINBEZIEHEN

15. Fenster Optionen zum Einbeziehen öffnet sich ⇒ OK
16. Einfache Teilfläche

auswählen

17. Umriss der Gehäusestirnseite auswählen ⇒ Bestätigen 
18. Button ZURÜCK
19. Button AUSPRÄGUNG

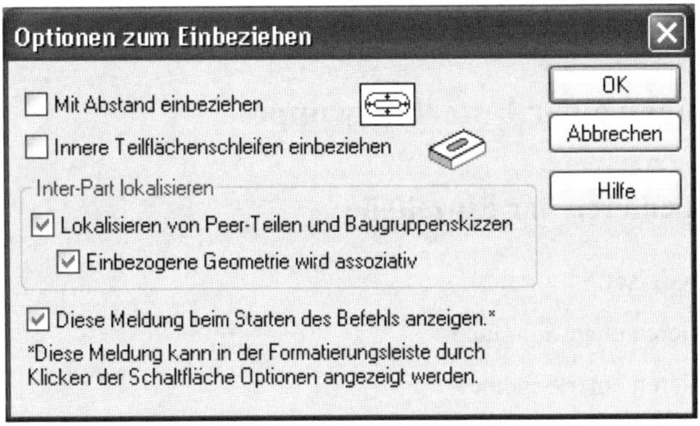

20. Auswahlfenster Aus Skizze wählen
21. Gehäusestirnseite auswählen ⇒ Bestätigen
22. Abstand <15> ⇒ Richtung festlegen
23. FERTIG STELLEN ⇒ Abbrechen

4.7.2 Einfügen der Bohrungen in den Blindflansch

24. Button BOHRUNG 

25. Stirnseite des Blindflansches auswählen
26. Drei Bohrungen mit Durchmesser <6> konzentrisch 

zu den Rundungen platzieren ⇒ ZURÜCK
27. Richtung festlegen ⇒ FERTIG STELLEN ⇒ Abbrechen
28. DATEI ⇒ SCHLIESSEN UND ZURÜCK

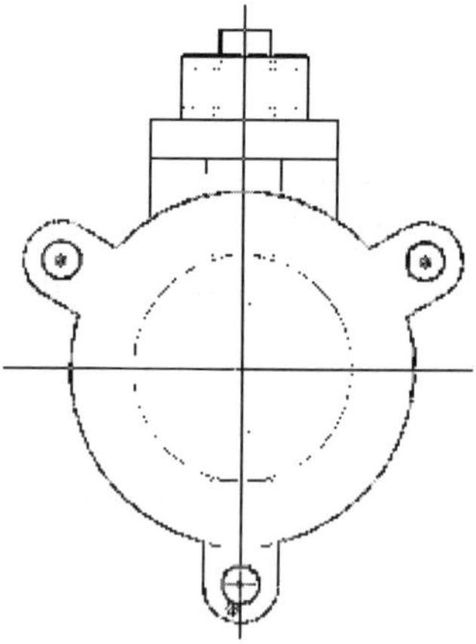

4.8 Einfügen einer Unterbaugruppe

4.8.1 Modellieren der Einzelteile

Vorgehensweise:

1. Modellieren einer Schraube
2. Modellieren einer Scheibe

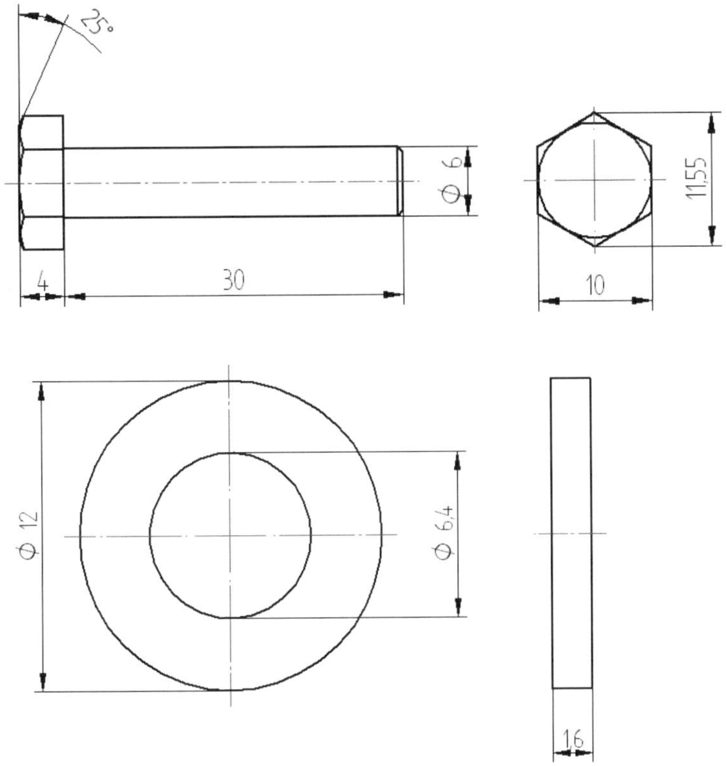

Die Modellierung der beiden Einzelteile erfolgt wie in den vorangegangen Kapiteln beschrieben.

4.8.2 Zusammenbau der Unterbaugruppe

1. Neue Assembly-Datei öffnen und unter <“Schraube_kpl.asm“> speichern
2. Über die EdgeBar TEILEBIBLIOTHEK die Einzelteile in den Arbeitsbereich ziehen
3. Verknüpfungsbedingungen erstellen (wie im vorangegangenen Abschnitt beschrieben)

4.8.3 Platzieren der Unterbaugruppe im Ventilgehäuse

1. Menü FENSTER ⇒ <“drosselventil“> auswählen
2. Über die EdgeBar
3. <“Schraube_kpl.asm“> Doppelklick

4. Button an-/aufsetzen 
5. Unterseite der Scheibe selektieren
6. Stirnseite des Blindflansches anwählen
7. Button axial ausrichten 
8. Schaft der Schraube selektieren
9. Bohrung im Blindflansch anwählen

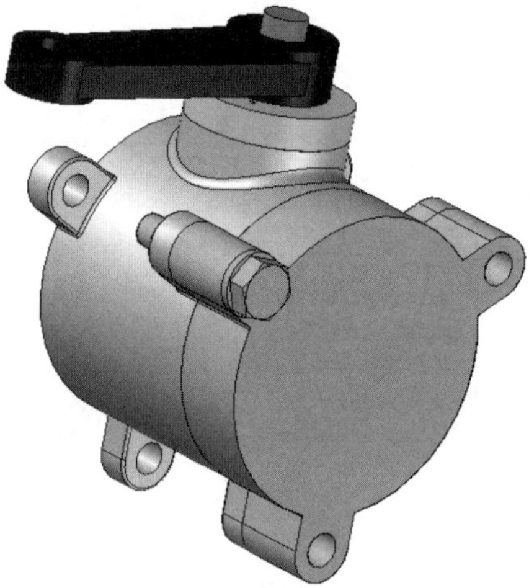

Um die Schraube endgültig zu fixieren, kann man z.B. eine Winkelbeziehung definieren:

10. Button WINKEL 
11. Beliebigen Winkel wählen
12. Eine Sechskant-Fläche des Schraubenkopfes selektieren
13. Eine ebene Fläche des Blindflansches selektieren

4.8.4 Einfügen von weiteren Schrauben als Muster

14. Button MUSTER VON TEILEN 

15. Im PATHFINDER  die eingefügte Unterbaugruppe auswählen

16. Button AKZEPTIEREN 

17. Blindflansch auswählen

18. Bohrungsmuster im Blindflansch auswählen (alle drei werden rot markiert)

19. Bohrung wählen (mit der ersten Schraube) ⇒ FERTIG STELLEN

20. Die möglicherweise ausgeblendeten Einzelteile des Drosselventils wieder einblenden.

4.9 Kollisionsanalyse

1. Welle im Assembly PATHFINDER anklicken

2. Winkelbeziehung im unteren Teil der EdgeBar anklicken und 183 Grad eingeben ⇒ OK

3. PRÜFEN ⇒ KOLLISIONSANALYSE ⇒ Button OPTIONEN  (Formatierungsleiste)

   - Auswahlsatz 1 überprüfen anhand ⇒ allen anderen Teilen

   - Ausgabeoptionen ⇒ Kollidierende Volumen ⇒ einblenden ⇒ OK

4. Ventilplatte anklicken ⇒ Button  ⇒ 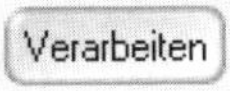

5. Kollisionsvolumen wird rot angezeigt

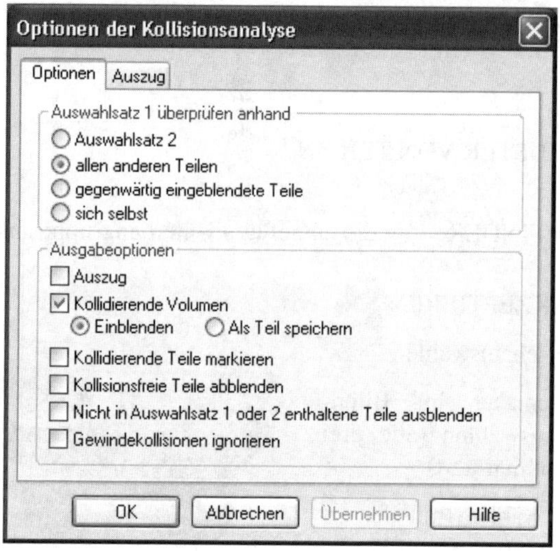

Allgemeine Hinweise :

- Sollte ein Element noch mal nachbearbeitet werden müssen, genügt ein Doppelklick im PATHFINDER, um das Einzelteil in der Part-Umgebung zu öffnen.
- Sollte der Positionierungsdialog verlassen werden, kann man mit  DEFINITION BEARBEITEN in der Formatierungsleiste bei angewähltem Bauteil in der EdgeBar zurückkehren

4.10 Kontrollfragen

1. Was unterscheidet eine Baugruppe von einer Komponente?
2. Kann eine Baugruppe als Komponente definiert werden?
3. Wie arbeitet man nach dem Bottom-Up Schema?
4. Wie bezeichnet man das Schema nach dem der Blindflansch erstellt wird?
5. Wieviel Freiheitsgrade hat ein freier Körper im Raum?
6. Wieviel Freiheitsgrade hat eine vollständig eingebaute Komponente?
7. Welche Möglichkeiten hat man, um eine Sechskantschraube in einem Bohrloch zu positionieren?
8. Wie kann die Welle vollständig bestimmt werden, wenn sie keine planare Aussparung hätte?

5 Zeichnungserstellung (Drafting)

In diesem Kapitel werden die grundlegenden Kenntnisse zur Ableitung von Zeichnungen von existierenden Modellen erläutert. Den Anfang bildet die Erläuterung der spezifischen Symbolleisten, Buttons und Menüpunkte. Anschließend erfolgt die Erstellung einer Zeichnung als Ableitung eines bereits in Kapitel 3 generierten Modells. Anhand dieses Beispieles werden die einzelnen Aspekte Hauptansicht, abgeleitete Ansichten, Schnittansichten und Einzelheiten erläutert. Darauf folgend wird das Hinzufügen und Bearbeiten von Bemaßungen, Mittellinien und Texten erklärt. In den beiden letzten Abschnitten wird erst das Editieren von Formatvorlagen und anschließend das Plotten von Zeichnungen erläutert.

Die DRAFTING-Umgebung von Solid Edge ermöglicht das maßstabsgerechte Erstellen, Drucken und Plotten DIN-gerechter Zeichnungen.

5.1 Voreinstellungen im DRAFTING-Modus

- eine Zeichnungsdatei kann mehrere Blätter enthalten
- Hinzufügen von Blättern mittels EINFÜGEN / NEUES BLATT
- Löschen von Blättern mittels BEARBEITEN / BLATT LÖSCHEN
- die Auswahl des Vorlageblattes erfolgt über ANSICHT / HINTERGRUNDBLATT. In dieser Ansicht können die Zeichenblätter auch editiert werden (Rahmen, Schriftfeld usw.)
- Wechseln zum Arbeitsbereich mit ANSICHT / ARBEITSBLÄTTER
- Definition und Ansteuerung von Layern erfolgt über die EdgeBar
- Button ZEICHNEN 

  öffnet die Symbolleiste Zeichnen mit Buttons zum Erzeugen und Editieren von Kurven (Linienstärke, Farben usw.)
- Menü EXTRAS / OPTIONEN bietet neben den allgemeinen Einstellungen die Möglichkeit, zwischen Projektionsmethode A und E, verschiedenen Gewindedarstellungen und Stücklistenoptionen umzuschalten

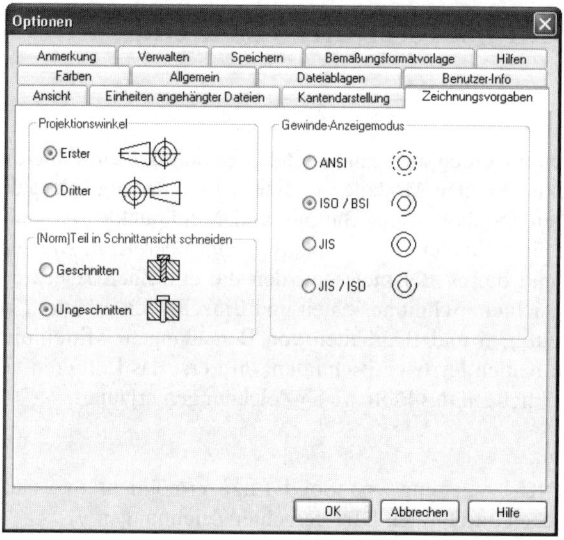

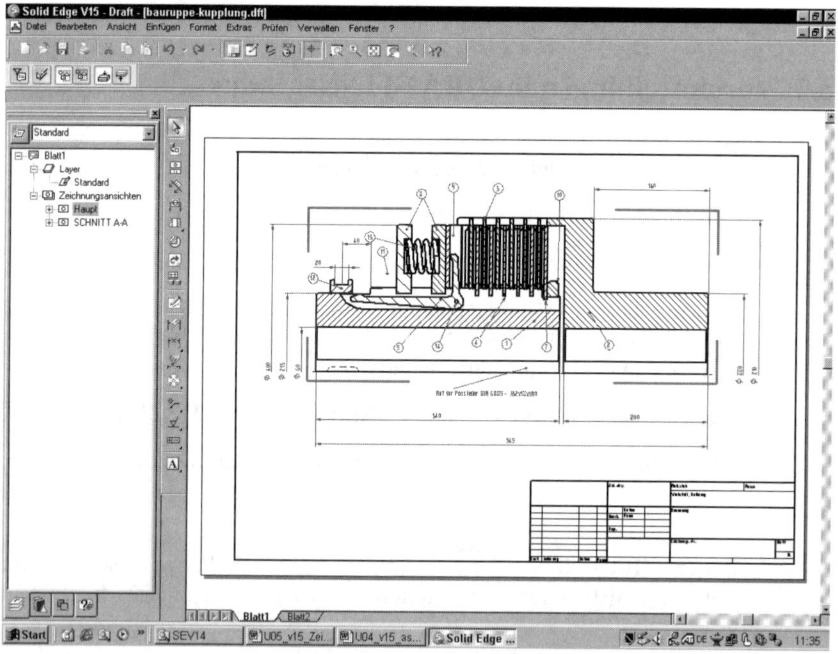

Die Bildschirmaufteilung entspricht der anderen Umgebungen. Die Arbeitsblätter können durch Anklicken der Karteikartenreiter an der linken unteren Ecke gewechselt werden.

5.2 Erklärung der Buttons der Symbolleiste DRAFTING

(soweit noch nicht weiter oben erläutert)

	Zeichnungsansichts-Assistent [erstellt eine Hauptansicht eines Modells]
	Hauptansicht [leitet orthogonale Ansichten von einer Hauptansicht ab]
	Hilfsansicht [leitet beliebige Ansichten von einer Hauptansicht ab]
	Schnittverlauf [legt den Verlauf einer Schnittlinie fest]
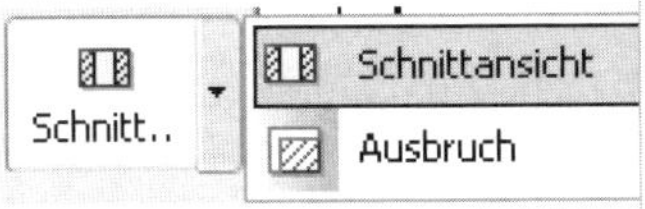	Schnittansicht [erzeugt Schnittansichten gemäß Schnittverlauf]
	Ausbruch [erzeugt einen Ausbruch]
	Einzelheit [erzeugt eine Detailansicht]
	Ansichten aktualisieren [aktualisiert sämtliche Ansichten einer Zeichnungsdatei]
	Stückliste [erzeugt eine Stückliste]
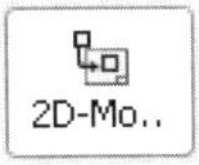	2D-Modellansicht [erstellt eine Ansicht der 2D-Modellgeometrie]
	Smart Dimension [bemaßt ein einzelnes Element oder den Abstand oder Winkel zwischen zwei Elementen]

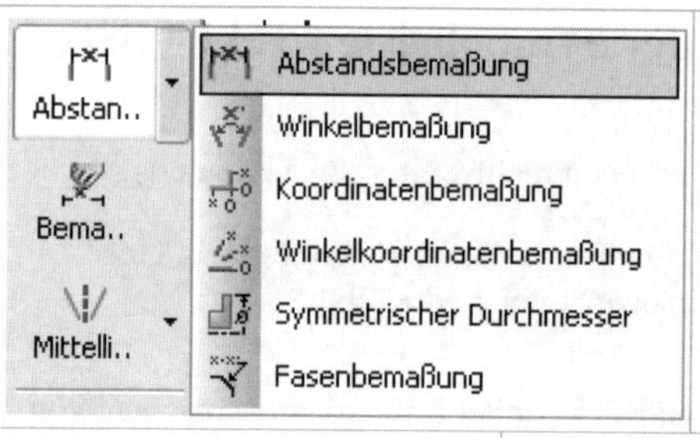	Bemaßungsarten [erzeugt verschiedene Bemaßungen ; Bedienung erfolgt wie in PART]
	Bemaßungen abrufen [importiert Bemaßungen des ursprüngliche Modells in die Zeichnung]
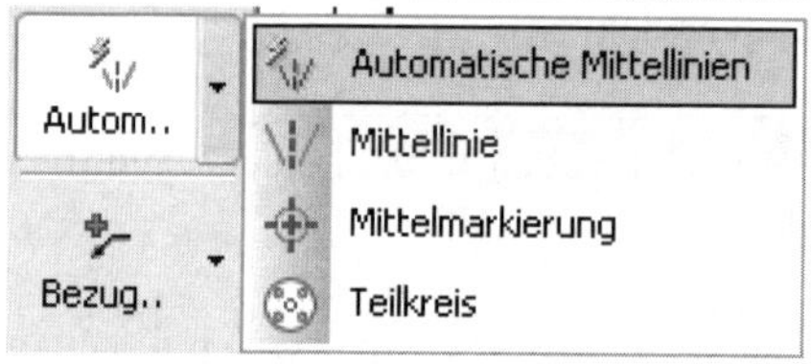	Automatische Mittellinien [erstellt automatische Mittellinien und Mittelmarkierungen in ausgewählten Zeichnungsansichten]
	Mittellinie [erzeugt Mittellinien]
	Mittelmarkierung [erzeugt eine Mittelmarkierung (Achsenkreuz)]
	Teilkreis [erzeugt einen Teilkreis bei kreisförmigen Mustern]
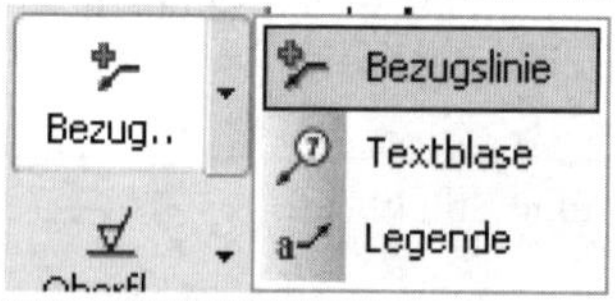	Bezugslinie [erzeugt Bezugslinienbemaßung]
	Textblase [erzeugt Beschriftung in einer Textblase]
	Legende [erstellt eine Legendenanmerkung; ermöglicht das Eingeben längerer Texte]

	Oberflächenbeschaffenheit [fügt Oberflächensymbole ein]
	Schweißen [fügt Schweißnahtsymbole ein]
	Kantenbedingung [platziert ein Kantensymbol an ein Element in einer Zeichnung]
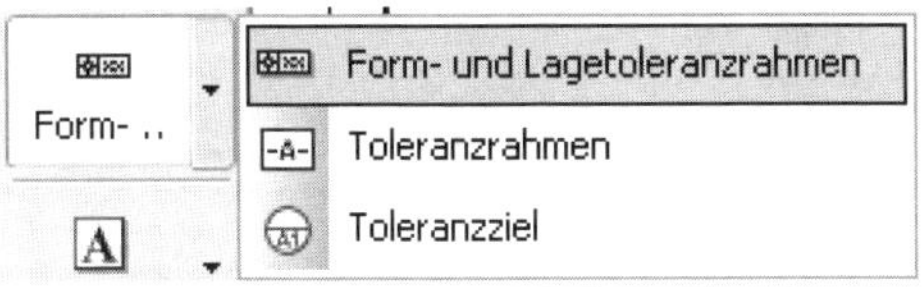	Form- und Lagetoleranzrahmen [fügt einen Rahmen für Form- und Lagetoleranzen ein]
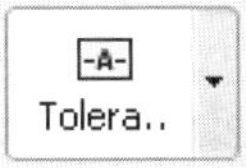	Toleranzrahmen [fügt einen Rahmen für Toleranzbezüge ein]
	Toleranzziel [fügt Bezugsziel für Toleranz ein]
	Text [fügt ein Textfeld ein]
	Sonderzeichen [öffnet Windows-Zeichentabelle]

5.3 Einrichten des Zeichenblattes

- Blatteinstellung erfolgt über DATEI / BLATT EINRICHTEN...
- Einstellung von Größe: (Blattformat, Ausrichtung, Einheiten, Genauigkeit)
- Angabe des Blattnamens
- Blatthintergrund (immer an das Blattformat anpassen!)

5.4 Erstellen der Zeichnung

Datei neu erstellen

1. Neue Draft-Datei öffnen **(Uni_MD.dft)**, und unter <deckel.dft> abspeichern
2. Blattgröße und Hintergrund auf „A3 quer“ einstellen
3. Unter (Menüleiste) ANSICHT/ARBEITSBLÄTTER Arbeitsansicht aktivieren

5.4.1 Einfügen einer Modellansicht

1. Button ZEICHNUNGSANSICHTS ASSISTENT 

2. <“deckel.par“> auswählen
3. Öffnen
4. Fenster „Zeichnungsansichtsassistent“ öffnet sich ⇒ Button WEITER
5. Button BENUTZERDEFINIERT auswählen
6. Waagerechte Achse auswählen

Hinweis: 90° Drehungen um die senkrechte Achse können mit allgemeine Ansichten  generiert werden

Allgemeine Ansichten Dialog: 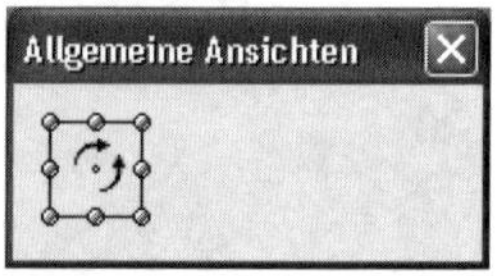

7. Schließen ⇒ Fertig stellen
8. Auf Zeichenblatt platzieren. 

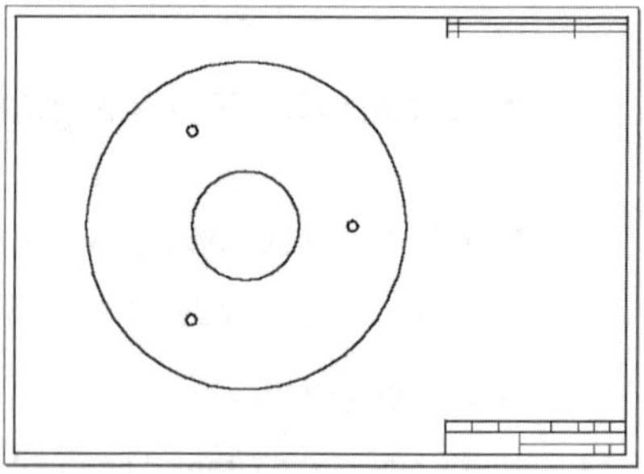

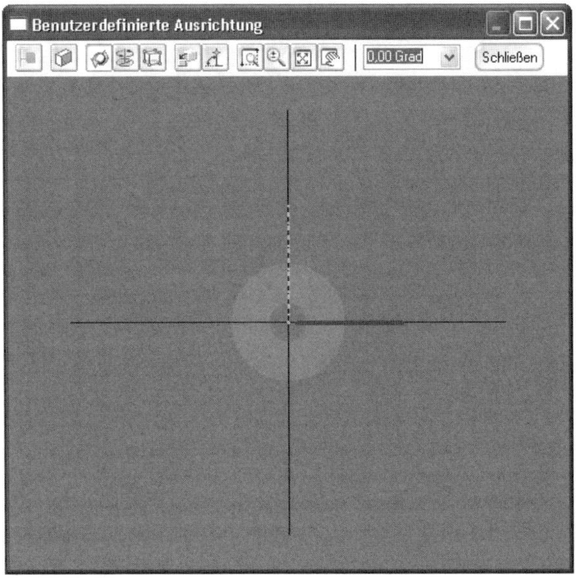

5.4.2 Skalieren einer Ansicht

1. Ansicht mit 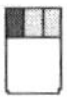 selektieren ⇒
   Button EIGENSCHAFTEN 
   (Alternativ:  > Eigenschaften)
2. Skalierung 2:1 auswählen ⇒ OK

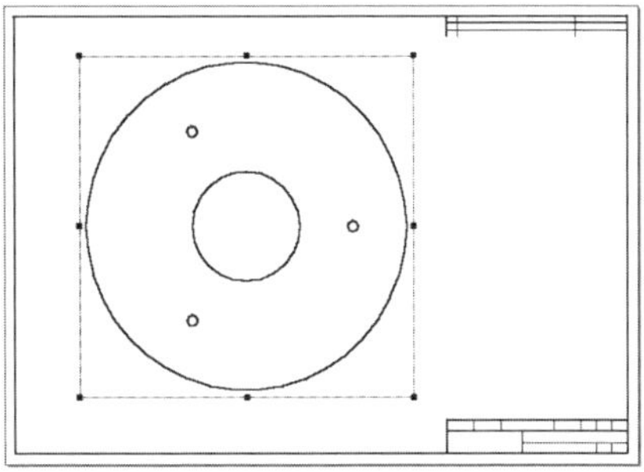

5.4.3 Einfügen orthogonaler Ansichten

1. Button HAUPTANSICHT 

2. Mit 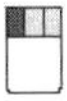 Zeichnung selektieren
3. Neue Ansicht plazieren 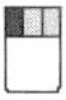.

Ziehen der Maus in Richtung... **...liefert:**

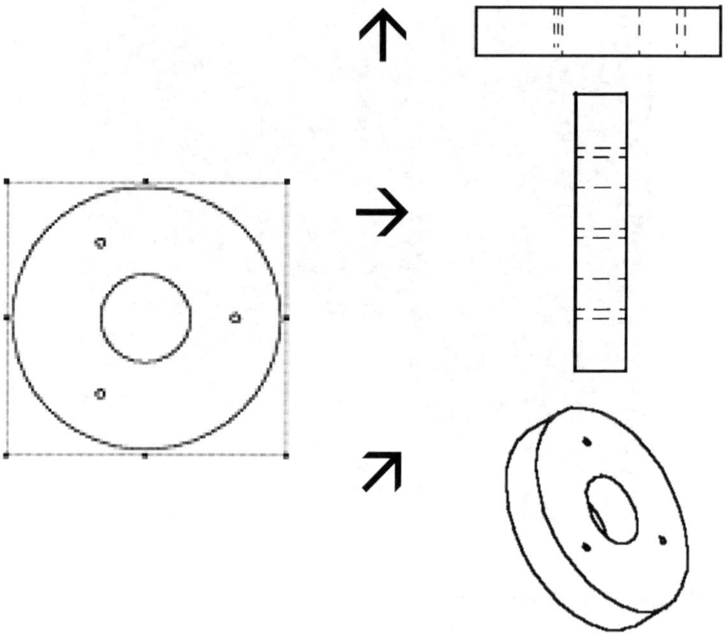

5.4.4 Löschen von Ansichten

1. Mit 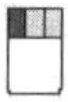 die Ansicht auswählen, die gelöscht werden soll
2. BEARBEITEN / LÖSCHEN (oder Entf. Taste)

5.4.5 Erstellen von Hilfsansichten

Button HILFSANSICHT

erstellt eine neue Teilansicht (A), die das Teil um 90 Grad um eine Hilfsansichtslinie (B) gedreht in einer vorhandenen Teilansicht zeigt.

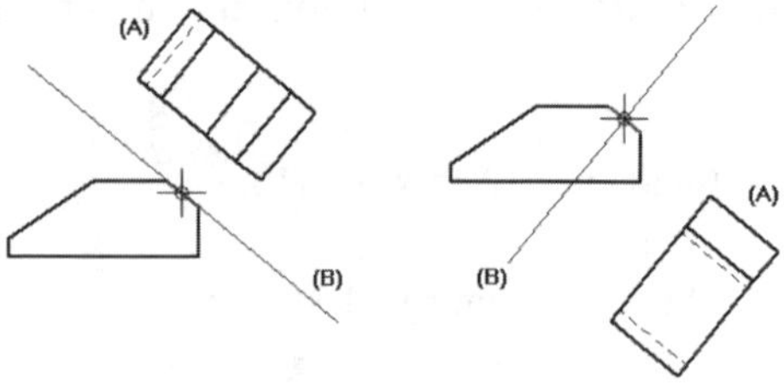

5.4.6 Bewegen von Ansichten

1. Mit 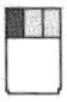 Ansicht markieren und an neuen Platz ziehen
2. Ausrichtungen von Ansichten gegeneinander bleiben dabei erhalten

   Mit Hilfe der Ansichtseigenschaften kann eine Ansicht auf ein anderes Blatt verschoben werden.

5.4.7 Kopieren von Ansichten

1. Mit 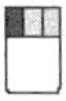 Ansicht markieren und mit gleichzeitig gedrückter *Strg*-Taste an neuen Platz ziehen

   Die neue Ansicht ist nicht mehr ausgerichtet, jedoch noch immer assoziativ zum Modell.

5.4.8 Aktualisieren von Ansichten

1. Nach Modelländerungen in der 3D-Umgebung ist es notwendig die Zeichnungsansichten zu aktualisieren.
2. ANSICHT / AKTUALISIEREN
3. Alternativ: Funktionstaste F5 oder Button 

4. Diese Optionen aktualisieren nur die Bildschirmdarstellung.
5.  Ansicht markieren ⇒  ⇒ Kontextmenü ⇒ ANSICHT AKTUALISIEREN

   Dieser Befehl aktualisiert die Ansicht nach Modelländerungen.

5.4.9 Ausrichten einer Ansicht

1. Mit  Ansicht markieren ⇒  ⇒ Kontextmenü ⇒ Ausrichtung erstellen

   Die Ausrichtung kann ebenfalls über das Kontextmenü aufgehoben werden. Dann ist freies Verschieben einer Ansicht möglich.

5.4.10 Aufheben der Assoziativität einer Ansicht

1. Mit Ansicht markieren ⇒ Kontextmenü ⇒ IN 2D ANSICHT UMWANDELN

   Mit der Umwandlung zur 2D Ansicht wird jeglicher Zusammenhang zum Modell oder zur Ursprungsansicht aufgehoben. Die Umwandlung ist unwiderruflich!

5.5 Erzeugen von Schnitten

5.5.1 Zeichnen einer Schnittlinie

1. Button SCHNITTVERLAUF 

mit Ansicht markieren
2. Zeichnen der Schnittlinie
3. Fertig stellen

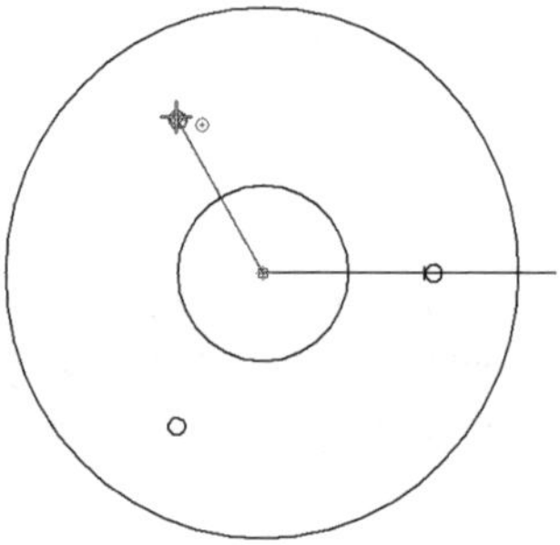

Hinweis: Linienerstellung wie in Part. Beziehungen sind die gleichen (siehe Bild ⇒ Mittelpunktbeziehung)

Hinweis: für eine bessere Übersicht mit Ausschnittvergrößerung 

die Größe anpassen.

Zeigt die komplette Arbeitsfläche an

Umschalt + 

Zeigt die komplette markierte Ansicht an

Strg + 

Zeigt das komplette Arbeitsblatt an

5.5.2 Festlegen der Schnittrichtung

1. Beim Zuweisen der vorgegebenen Schnittrichtung Rechtsklick.
2. Zum Ändern Mauszeiger auf die andere Seite der Schnittlinie ziehen (siehe Bild).

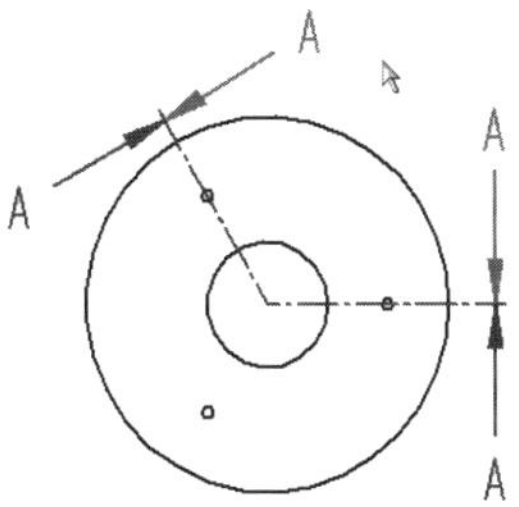

5.5.3 Einfügen einer Schnittansicht

1. Button SCHNITTANSICHT 

Schnittebene selektieren
2. Einstellen der gewünschten Schraffur (in Formatierungsleiste Dropdown-Liste links)
3. Button GEDREHTE SCHNITTANSICHT  (in Formatierungsleiste)

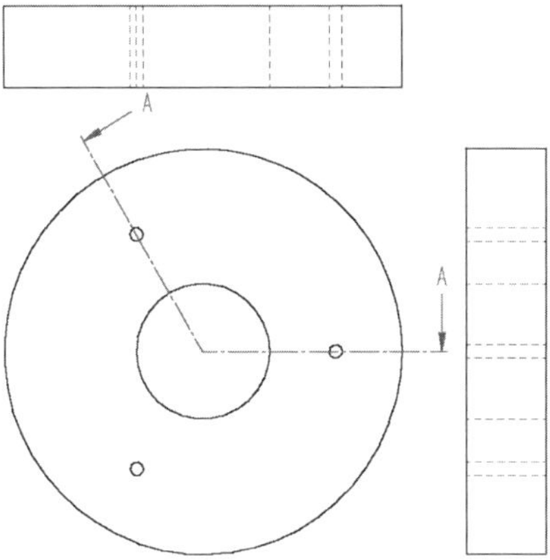

4. Wählen der korrekten Projektionsrichtung (entsprechender Abschnitt der Schnittlinie ist rot markiert)
5. Schnittansicht platzieren
6. Kante Ausblenden 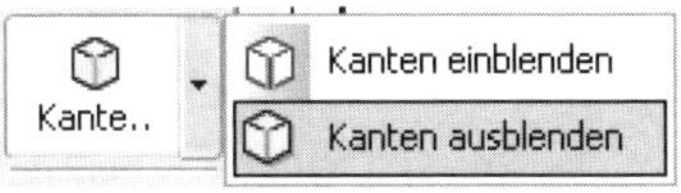

anklicken (in der Symbolleiste Zeichnen)
7. Linie in der Mitte des Schnittes selektieren bis sie verschwindet

Schraffur aus Wellen und Normteilen entfernen:

in RMB Eigenschaften Ansicht Markierung für Schnitt bei angeklickter Komponente entfernen

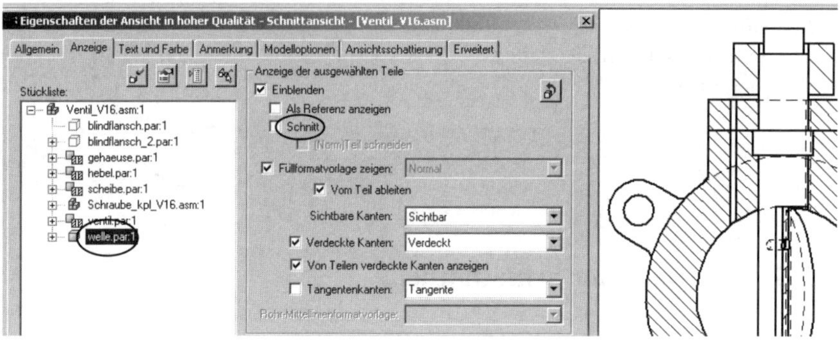

5.5.4 Erzeugen einer Detailansicht

1. Button EINZELHEIT 

2. Mittelpunkt der Einzelheit selektieren und Umgrenzungskreis aufziehen
3. In Formatierungsleiste Ansichtsmaßstab auswählen
4. Ansicht platzieren

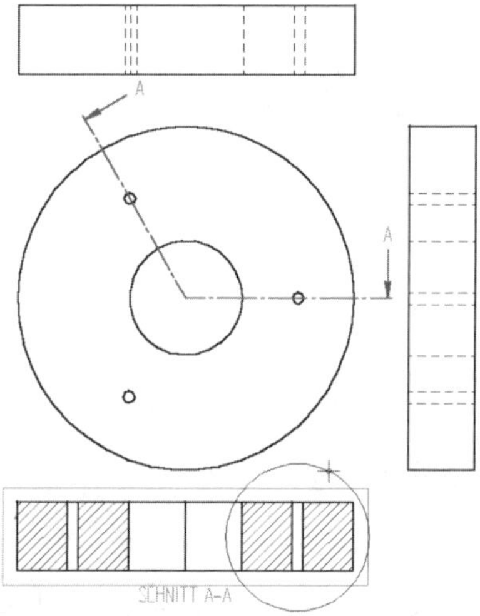

Hinweis: Der Ansichtsmaßstab kann auch nachträglich durch Anklicken des Button Eigenschaften  (in Formatierungsleiste) geändert werden

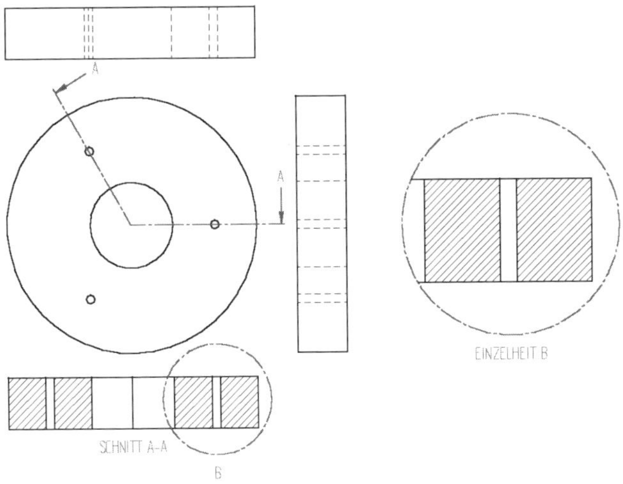

5.6 Hinzufügen von Bemaßungen, Texten etc.

5.6.1 Einfügen von Mittelmarkierungen

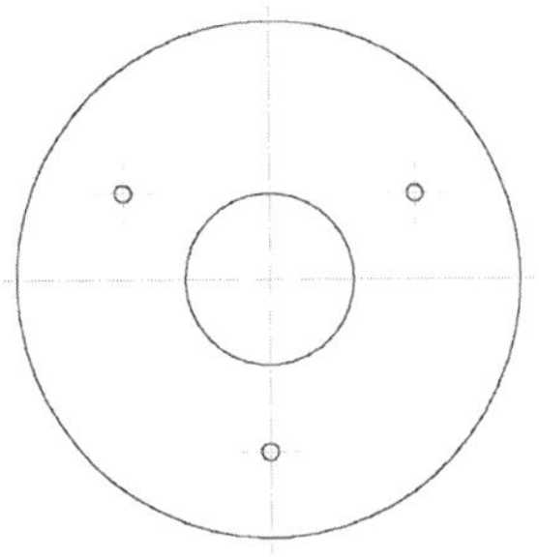

1. Button MITTELMARKIERUNG

2. Button PROJEKTIONSLINIEN  (in Formatierungsleiste), da sonst nur der Mittelpunkt markiert wird
3. Mittlere Bohrung auswählen
4. Außenkante des Deckels auswählen
5. Analoges Vorgehen für die drei Befestigungs-Bohrungen (Anklicken der Bohrung genügt)
6. Mit RMB Ansicht anklicken -> *in Ansicht zeichnen* auswählen
7. ev. Menü Bemaßung/Beschriftung aktivieren

Mittenmarkierung:

8. Button MITTELLINIE 

9. Platzierungsoption: Mit 2 Punkten einstellen (Bezugselemente sind zwei Punkte im Mittelpunkt eines Objekts)
10. Mitten der beiden senkrechten Körperkanten in Seitenansicht selektieren (Mittenmarkierung erscheint neben Mauszeiger)
11. Zurück anklicken

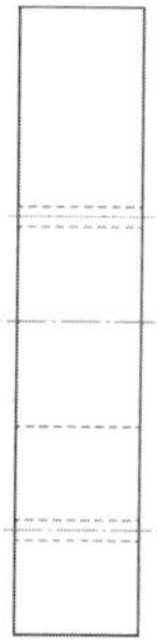

12. Button MITTELLINIE 

13. Platzierungsoption: Mit 2 Linien einstellen (Bezugselement sind zwei symmetrische Linien)
14. Verdeckte Körperkanten der Befestigungsbohrungen in Seitenansicht selektieren
15. Zurück anklicken

5.6.2 Einfügen eines Lochkreises

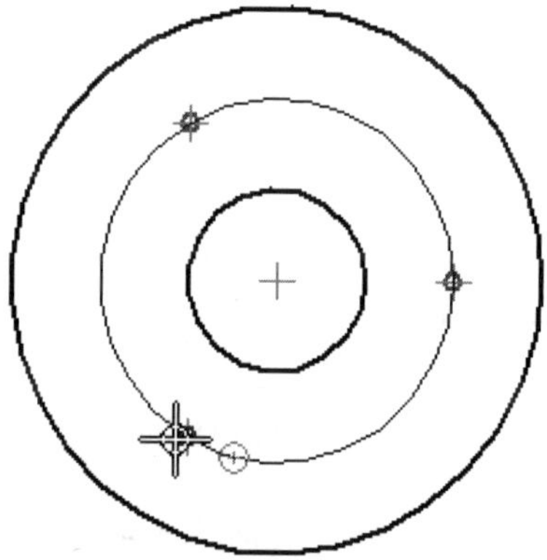

1. Button TEILKREIS 

2. Button ÜBER 3 PUNKTE  (in Formatierungsleiste)
3. Anklicken der 3 Befestigungsbohrungen im Mittelpunkt (Mittelpunktmarkierung → siehe Bild)
4. Nach Anklicken des Teilkreises

   kann über Eigenschaften  (in Formatierungsleiste) die Linienart geändert werden.

5.6.3 Einfügen von Bemaßungen

Das Anbringen von Bemaßungen erfolgt mit den gleichen Werkzeugen wie beim Erstellen von 2D-Skizzen.

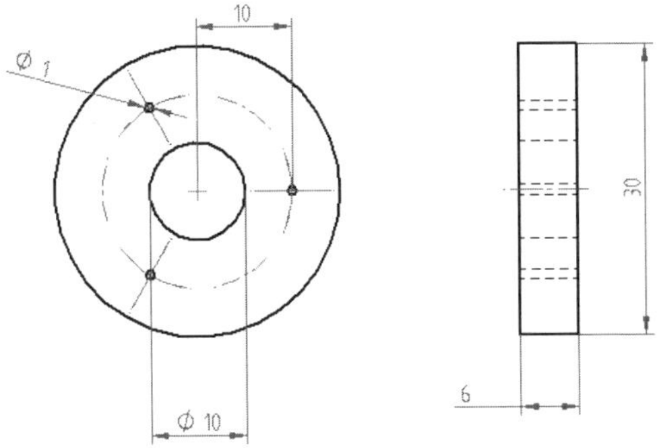

Für nebenstehendes Bild wurde für die Durchmesserbemaßung in der Draufsicht Smart Dimension 

verwendet. In der rechten Ansicht wurde damit die Kantenlänge angewählt.

5.6.4 Einfügen von Bemaßungspräfixen

Bemaßungspräfixe können sofort beim Bemaßen oder nachträglich angebracht werden.

1. Durchmessermaß <30> selektieren (bei Auswahl mehrerer Elemente *Strg*-Taste gedrückt halten)

   ⇒ Button BEMAßUNGSPRÄFIX  (in Formatierungsleiste) ⇒

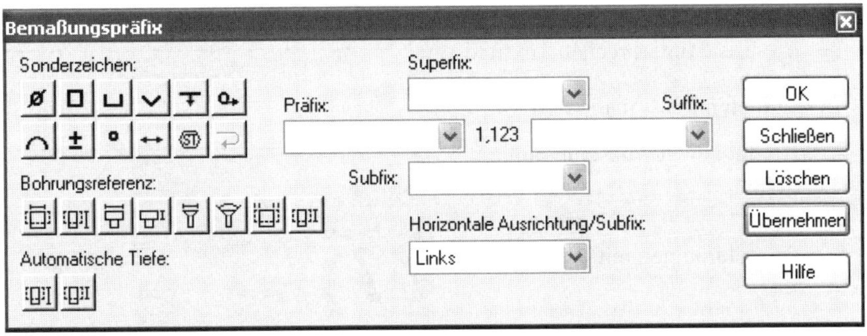

2. Symbol „ø" als Präfix übernehmen ⇒ OK

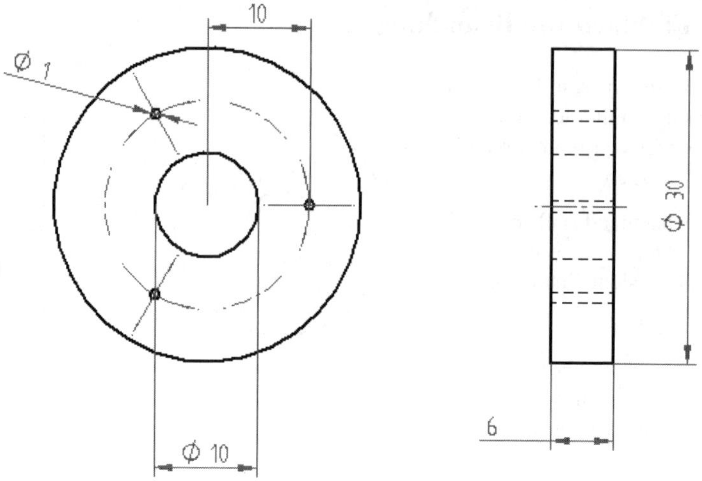

5.6.5 Einfügen und Editieren von Text

3. Button TEXT  mit an beliebige Stelle des Zeichenblattes klicken eingeben <"M 2:1"> TEXT- Befehl mit *Esc*-Taste unterbrechen Textfeldrahmen mit markieren

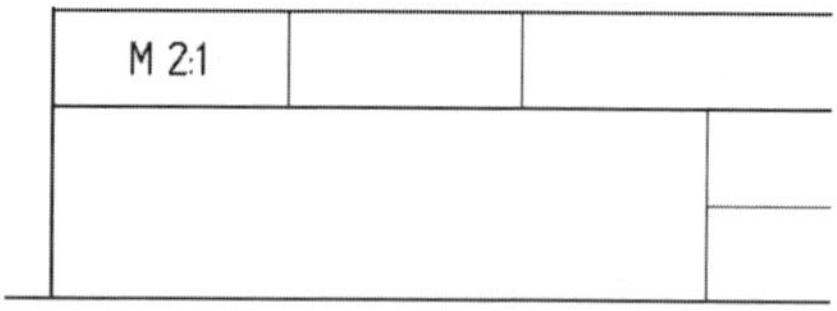

4. Textfeld an gewünschte Stelle ziehen

5. Textfeldrahmen mit markieren

6. Textfeld mit gedrückter Strg-Taste an andere Stelle kopieren

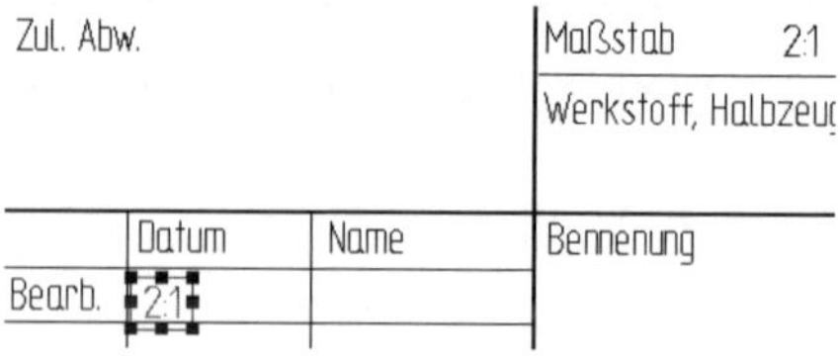

7. Mit 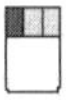 in Textfeld doppelklicken, um Text zu markieren

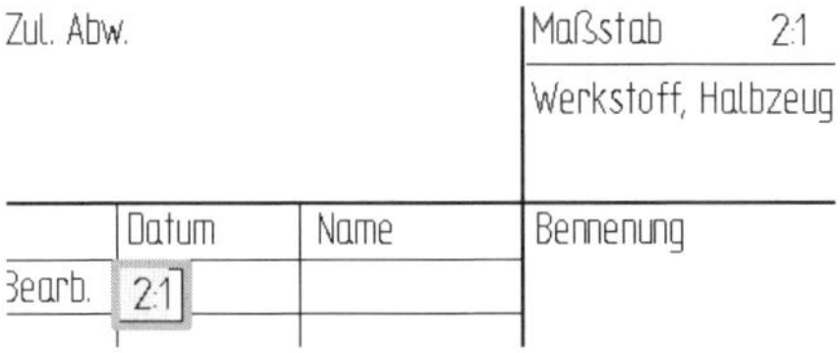

8. Überschreiben mit aktuellem Datum
9. Textfeldrahmen markieren und auf gewünschte Größe ziehen

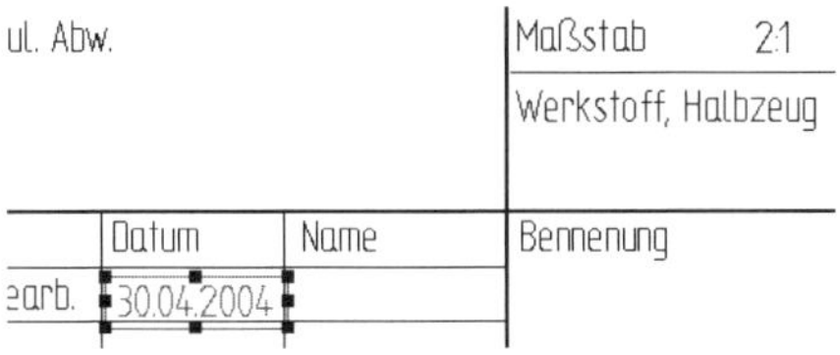

Analoges Vorgehen für Namen und Bezeichnungen. Schriftarten, Größe und Formatierung können in der Formatierungsleiste ausgewählt bzw. eingegeben werden.

Für weitere Übungsbeispiele die übrigen Einzelteile des Drosselventils nutzen.

Für Zeichnungen für die Universität Magdeburg steht eine Vorlagedatei mit entsprechendem Zeichnungsrahmen zur Verfügung. Die Vorlage kann im WWW unter der Adresse

http://lmi.uni-magdeburg.de/ -> CAD-Übungen -> Solid Edge V16 oder V17 -> Zeichnungsvorlage (Uni_MD.dft)

heruntergeladen werden.

5.7 Editieren der Formatvorlage

Um eine Vorlagedatei bei der Erstellung einer neuen Datei als Grundlage zu nutzen, sollte diese in das Installationsverzeichnis im Ordner *.../Program/template/* abgelegt werden. Sie steht damit bei der Neuerstellung als Vorlage zur Verfügung.

Sollen Elemente der Vorlage geändert werden, dann muss dies in der Hintergrundansicht erfolgen. Hierzu ist über ANSICHT => HINTERGRUNDBLATT umzuschalten.

Alle eingefügten Elemente sind statisch und können auf der Ansicht „Arbeitsblatt“ nicht geändert werden.

Die Formatvorlagen zu folgenden Elementen sind ebenfalls individuell anpassbar:

- Bemaßung
- Füllen
- Schraffur
- Linie
- Text

Unter FORMAT ⇒ FORMATVORLAGE wird unten abgebildete Maske aufgerufen. Hier können zu genannten Formatvorlagen Änderungen vorgenommen, neue Vorlagen hinzugefügt und alte Vorlagen gelöscht werden. So können zum Beispiel Linienstärken für bestimmte Linienarten geändert werden, um so das Druckbild anzupassen.

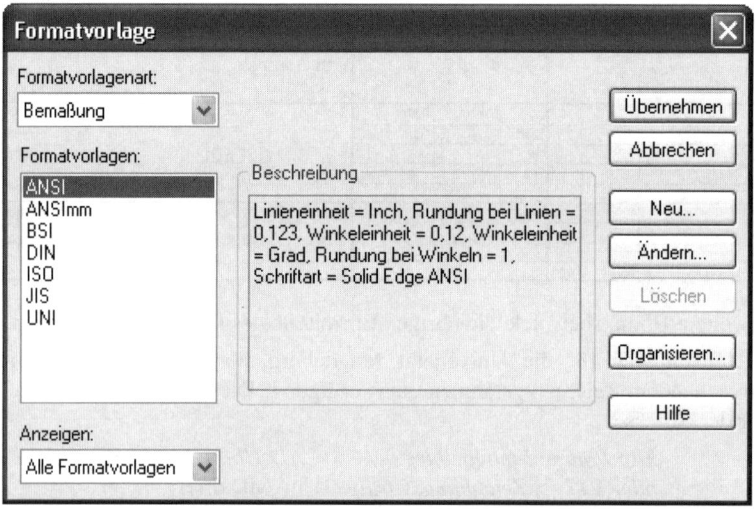

5.8 Plotten der Zeichnung

DATEI / DRUCKEN... ⇒ Drucker auswählen ⇒ Einstellen von Hoch- oder Querformat über EIGENSCHAFTEN ⇒ OK ⇒ Kontrollieren der Seitenansicht über EINSTELLUNGEN ⇒ OK ⇒ OK

oder DATEI / DRUCKEN... ⇒ Drucker auswählen <PDFCreator> ⇒ Eigenschaften ⇒ Erweitert ⇒ Format einstellen ⇒ OK ⇒ SAVE ⇒ <Dateinamen> eingeben ⇒ Save

6 Blechteilmodellierung (Sheet Metal)

Dieses Kapitel ist der Modellierung von Blechteilen gewidmet. Nach einer kurzen Erläuterung der spezifischen Buttons und Besonderheiten erfolgt die Modellierung mehrerer Einzelteile und anschließend deren Zusammenbau. Zusätzlich werden von den Einzelteilen entsprechende Zeichnungen abgeleitet. Dadurch erfolgt eine gute Vertiefung zu allen vorherigen Kapiteln und den darin erworbenen Kenntnissen und Fertigkeiten. Im Rahmen der Besonderheiten bei der Blechteilmodellierung wird zum Abschluß ein zuvor erstelltes Einzelteil abgewickelt.

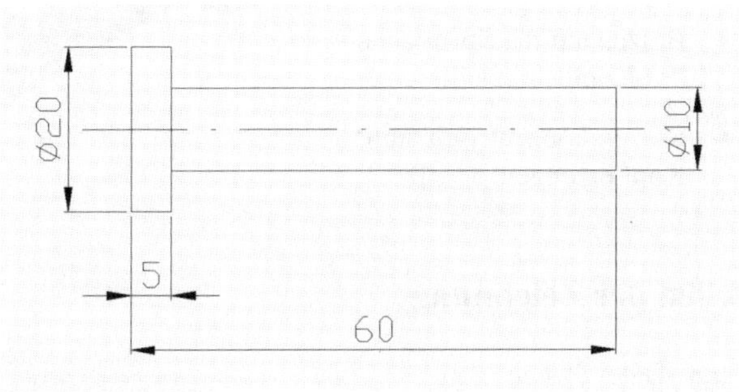

Gesamtvorgehensweise:

- Modellieren des Bolzens mit Zeichnungserstellung
- Modellieren des Oberteils mit Zeichnungserstellung
- Modellieren des Unterteils mit Zeichnungserstellung
- Zusammenbau aller drei Teile mit Zeichnungserstellung

6.1 Modellieren des Bolzens

Allgemeine Vorgehensweise:

- Modellieren des Bolzenkopfes als Ausprägung
- Modellieren des Bolzens als Ausprägung
- Zeichnungserstellung

Datei neu erstellen:

⇒ neue Part-Datei öffnen und unter <bolzen.par> abspeichern

6.1.1 Modellieren des Bolzenkopfes

Erzeugen eines Zylinders mit dem Durchmesser <20> und der Höhe <5> als Ausprägung

6.1.2 Modellieren des Bolzenschafts

Erzeugen eines Zylinders mit dem Durchmesser <10> und der Höhe <60-5> als Ausprägung

Hinweise:

- Bolzen auf die Stirnfläche des Kopfes modellieren
- Bolzen konzentrisch zum Kopf erzeugen

6.1.3 Erstellen der Zeichnung

1. Neue Draft-Datei öffnen und unter <bolzen.dft> abspeichern
2. Die Zeichnung ist analog Kapitel 5 (Zeichnungsgenerierung) zu erstellen.

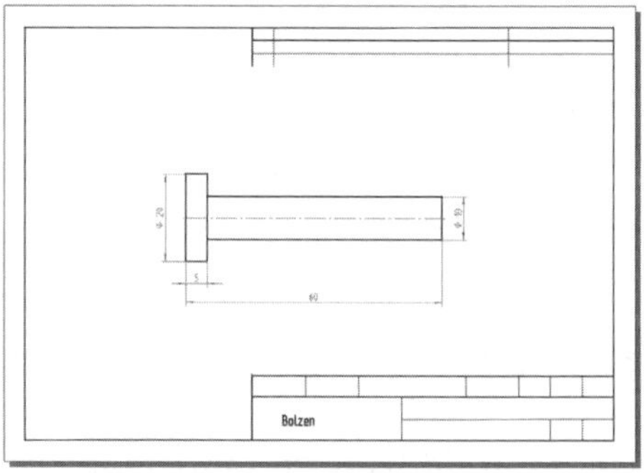

6.2 Modellieren des Oberteils

Das Solid Edge-Modul Blechbearbeitung (Sheet Metal) bietet eine Reihe von Sonderfunktionen zur Gestaltung von Blechformteilen, wie z. B. Laschen, Einschnitte und Bördelungen. Abwicklungen können automatisch erstellt werden. Daneben sind einige Funktionen der Part-Umgebung, wie etwa Bohrungen, vorhanden.

Blechformteile können analog zu anderen Teilen in Baugruppen und Zeichnungen eingefügt werden.

Im Rahmen dieses Kapitels können nur die wichtigsten Funktionen zur Blechbearbeitung gezeigt werden.

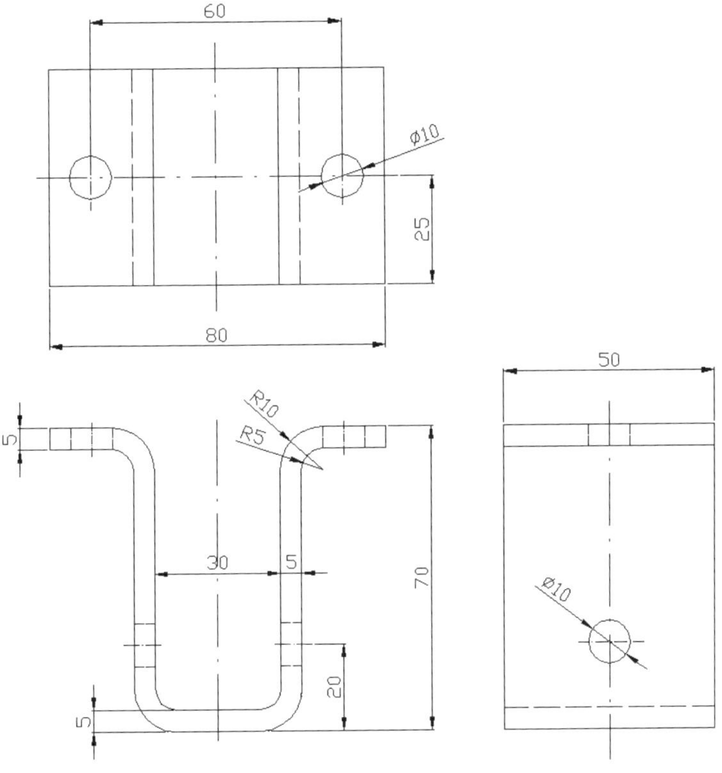

Allgemeine Vorgehensweise:

- Modellieren des Grundteiles als Lasche
- Einfügen der Seiten als Konturlappen
- Einfügen der Bohrungen
- Zeichnungserstellung

Datei neu erstellen:

Neue Sheet Metal-Datei öffnen und unter <oberteil.psm> abspeichern

6.2.1 Einstellen der Teileigenschaften

Im Menü EXTRAS ⇒
in der Materialtabelle ⇒
unter der Registrierkarte Maß ⇒
können die Blechdicke, Biegeradien, Ausklinkungstiefen (siehe Grafik) und die Formel zur Berechnung der gestreckten Länge von Abwicklungen definiert werden.

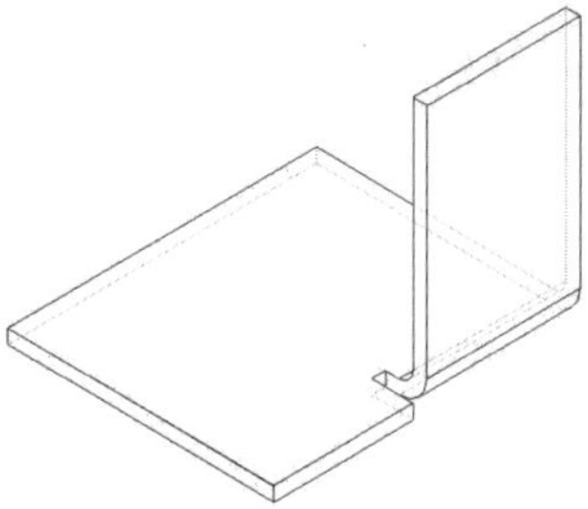

Ausklinkung:

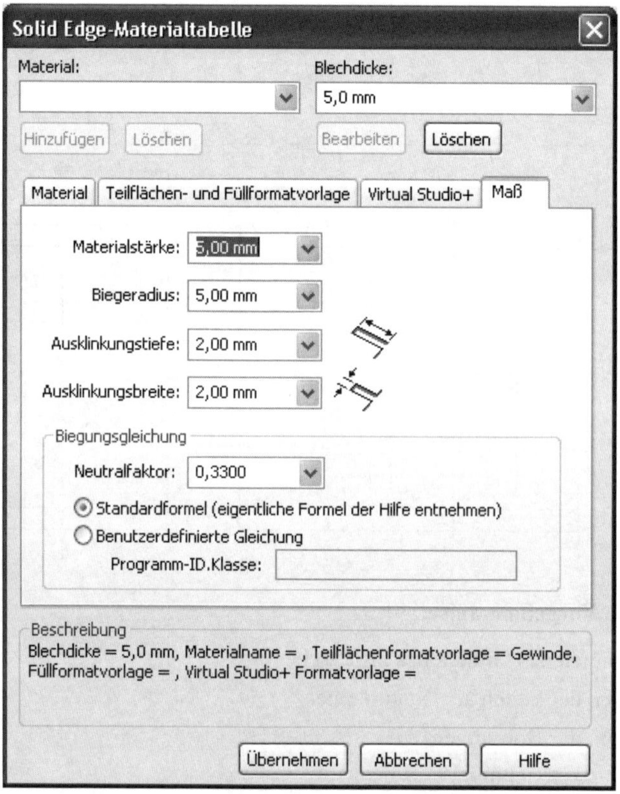

Im Menü EXTRAS ⇒ MATERIALTABELLE ⇒ MASS ⇒ Materialstärke <5 mm> ⇒ Biegeradius <5 mm> ⇒ Übernehmen

6.2.2 Modellieren der Lasche

1. Button LASCHE 

2. Waagerechte Referenzebene wählen ⇒ Skizzenfenster öffnet sich

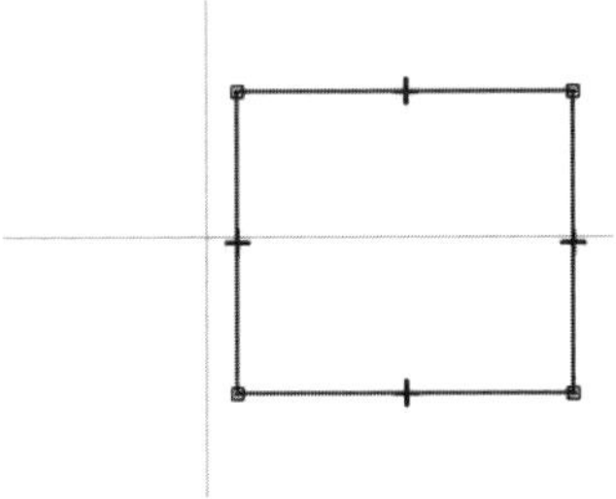

3. Button RECHTECK 

4. Linien geometrisch und maßlich (50 x 30) bestimmen ⇒ Zurück
5. Extrusionsrichtung nach oben bestimmen ⇒ Fertig stellen ⇒ ABBRECHEN

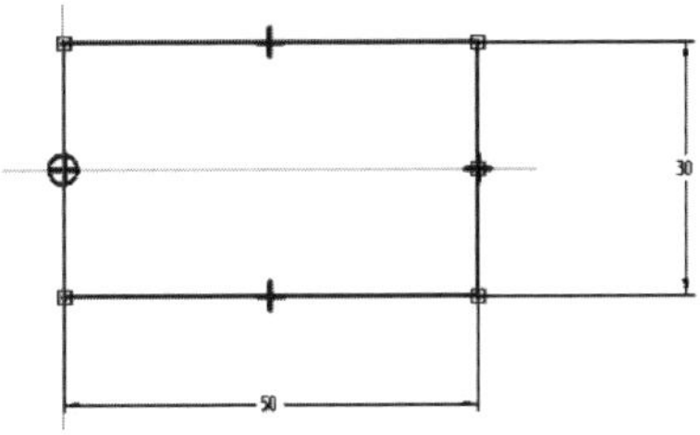

6.2.3 Modellieren einer Seite

1. Button KONTURLAPPEN

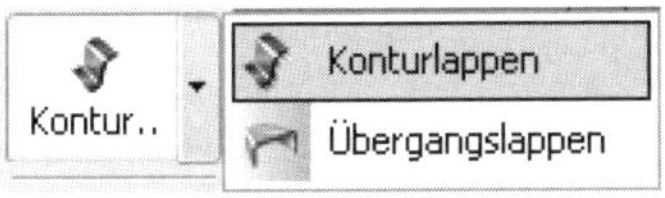

2. In Formatierungsleiste muss „Ebene am Ende“ aktiviert sein

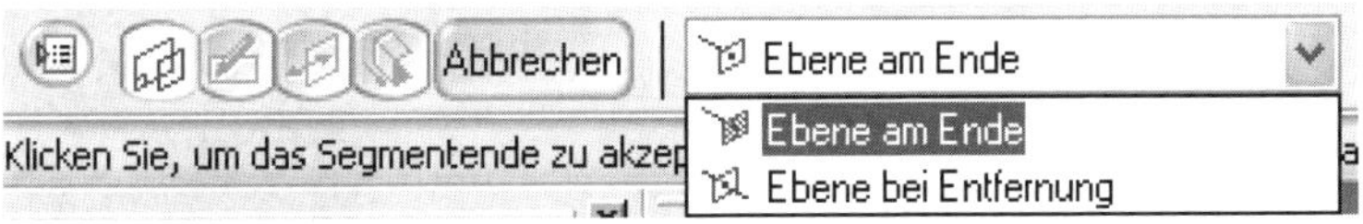

3. Vordere obere Längskante nahe Endpunkt selektieren (Kante wird rot angezeigt)

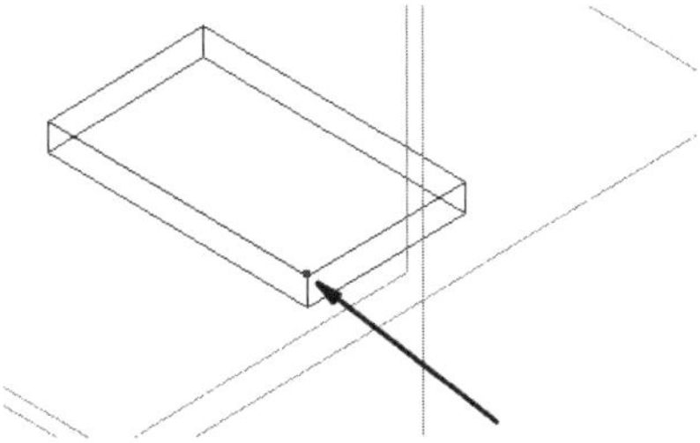

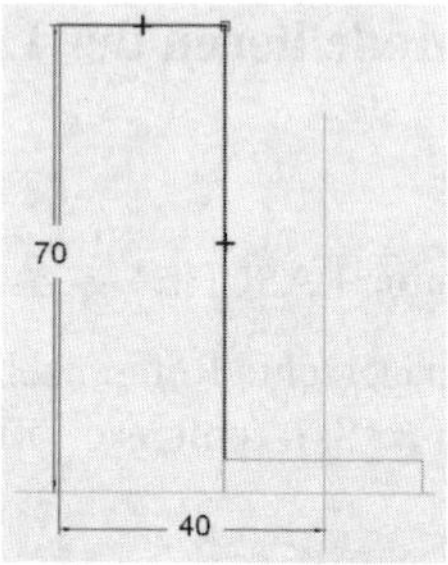

4. Waagerechte Referenzebene als Basis selektieren
5. Richtung der Skizzierebene festlegen ⇒ Ansicht dreht in Skizzierebene
6. Prinzipielles Profil des Flansches zeichnen und bemaßen ⇒ Zurück

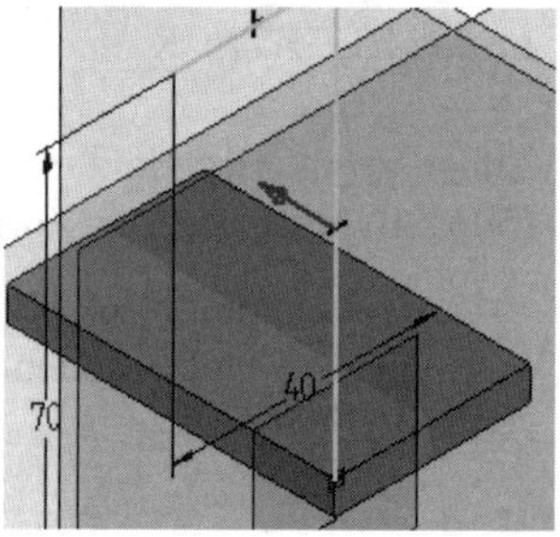

7. Button BIS ZUM ENDE 
8. Extrusionsrichtung bestimmen (siehe Bild) ⇒ Fertig stellen ⇒ ABBRECHEN

6.2.4 Einfügen der Bohrungen

Bohrungen laut Zeichnung in Oberseite und Seitenfläche einfügen.

6.2.5 Spiegeln des Teiles

1. Button FORMELEMENT SPIEGELN

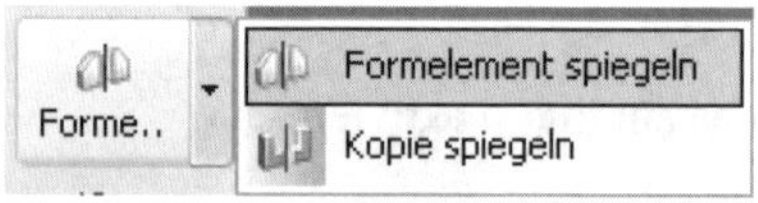

2. Konturlappen und Bohrungen selektieren
3. AKZEPTIEREN 
4. Senkrechte Referenzebene selektieren ⇒ ABBRECHEN.

6.2.6 Erstellen der Zeichnung

1. Neue Draft-Datei öffnen und unter <oberteil.dft> abspeichern
2. Die Zeichnung ist analog Kapitel 5 (Zeichnungsgenerierung) zu erstellen.

6.3 Modellieren des Unterteils

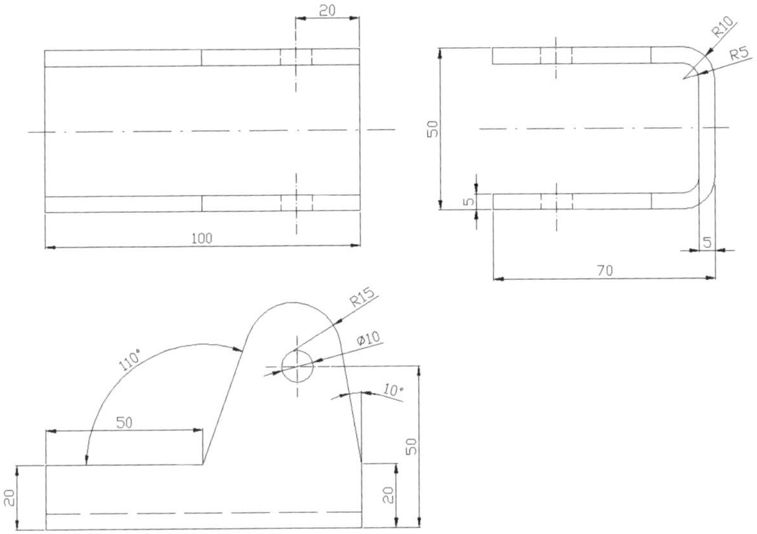

Allgemeine Vorgehensweise

- Modellieren des Grundteiles als Lasche
- Einfügen der Seiten als Lappen
- Einfügen der Bohrungen
- Abwickeln des Teiles
- Zeichnungserstellung

Datei neu erstellen:

Neue Sheet Metal-Datei öffnen und unter <unterteil.psm> abspeichern

6.3.1 Einstellen der Teileigenschaften

1. Menüleiste EXTRAS ⇒ MATERIALTABELLE ⇒ MASS
2. Materialstärke <5 mm> ⇒ Biegeradius <5mm> ⇒ Übernehmen

6.3.2 Modellieren der Lasche

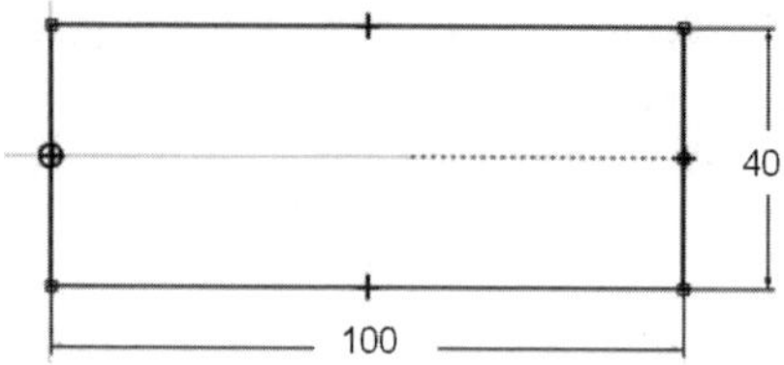

1. Button LASCHE 

2. Waagerechte Referenzebene wählen ⇒ Skizzenfenster öffnet sich
3. Button RECHTECK 

⇒ Umriss auf rechter Seite
4. Linien geometrisch und maßlich bestimmen ⇒ ZURÜCK
5. Extrusionsrichtung nach oben bestimmen ⇒FERTIG STELLEN ⇒ Abbrechen

6.3.3 Modellieren einer Seite

1. Button LAPPEN 

2. Eine der oberen Längskanten selektieren
3. Button Material Außen 
4. Lappen in beliebiger Länge nach oben ziehen ⇒ 
5. Button PROFIL BESTIMMEN 
⇒ Skizzenfenster öffnet sich
6. Kontur skizzieren und bemaßen
7. Zurück ⇒ Fertig stellen ⇒ Abbrechen

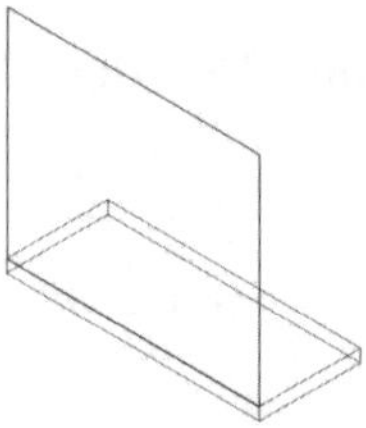

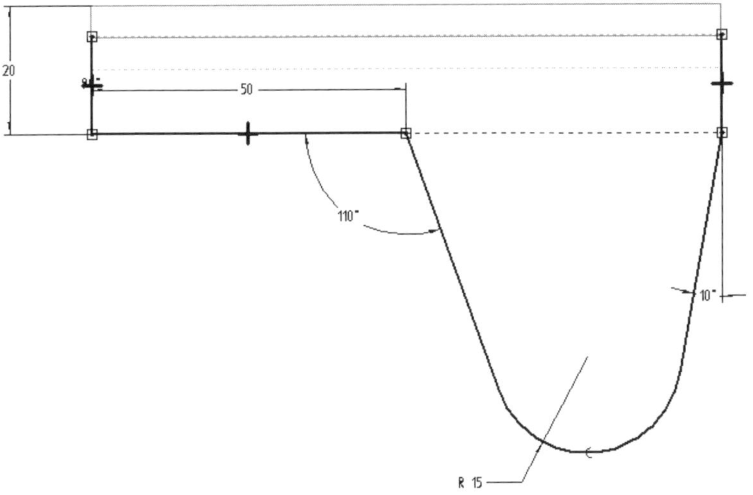

6.3.4 Fertigstellen des Teiles

Einfügen der Bohrung laut Zeichnung und Spiegeln von Lappen und Bohrung analog zu Abschnitt 6.2.

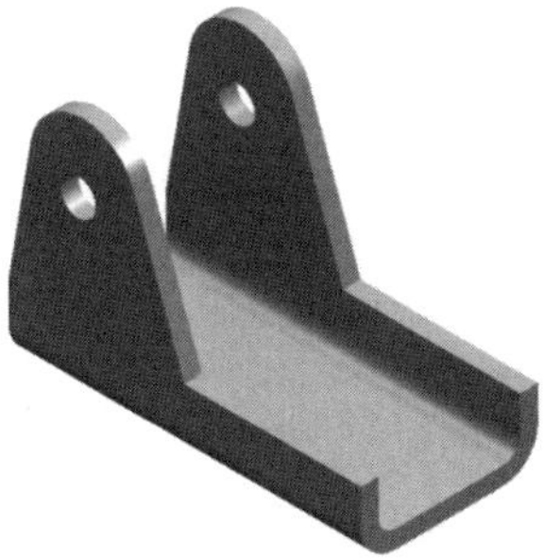

6.3.5 Erstellen der Zeichnung

Analog zum Oberteil, als zweites Blatt die Zeichnung die Abwicklung einfügen.

6.4 Zusammenbau der einzelnen Komponenten

Datei neu erstellen:

Neue Assembly-Datei öffnen und unter <scharnier.asm> abspeichern

6.4.1 Einfügen des Unterteils

1. Über die EdgeBar
2. <“unterteil.psm“> in Arbeitsfenster ziehen

6.4.2 Einfügen des Oberteils

1. Über die EdgeBar
2. <“oberteil.psm“> in Arbeitsfenster ziehen
3. Oberteil an Innenfläche, Bohrung und Stirnfläche des Unterteils ausrichten

6.4.3 Einfügen des Bolzens

3. Über die EdgeBar
4. <“bolzen.par“> in Arbeitsfenster ziehen
5. Bolzen in Bohrung ausrichten

6.4.4 Erstellen der Zeichnung

Analog zu Oberteil

6.5 Abwickeln des Unterteils

1. Datei unterteil.psm schließen
2. Neue Sheet Metal-Datei öffnen und unter <unterteil_abwicklung.psm> abspeichern
3. Menüleiste EINFÜGEN ⇒ KOPIE EINES TEILS
4. Datei <"unterteil.psm"> auswählen ⇒ Öffnen ⇒ Fenster „Parameter der Teilkopie" öffnet sich automatisch ansonsten Button PARAMETER BESTIMMEN 
5. Kontrollkästchen MIT DATEI VERKNÜPFEN und ABWICKLUNG müssen aktiviert werden ⇒ OK ⇒ Fertig stellen.
6. Die Abwicklung bleibt mit dem eigentlichen Teil verknüpft.

Zur weiteren Übung: das Oberteil abwickeln wie Unterteil

7 Spezielle Funktionen in Solid Edge

In diesem Kapitel werden verschiedene spezielle Funktionen anhand einfacher Beispiele erläutert. Dabei werden zur Veranschaulichung jeweils Schritt für Schritt Anweisungen mit Erläuterungen kombiniert. Bei den speziellen Funktionen handelt es sich um die Erstellung von Wölbungen, Formschrägen, dünnwandigen Bauteilen, Rippen, Versteifungsnetzen, Lüftungsgittern, Lippen und Befestigungsdomen.

7.1 Behandlung von Wölbungen und Formschrägen

Allgemeine Vorgehensweise:

- Zeichnung des Ausprägungsprofils
- Definierung der Ausprägungsrichtung
- Auswählen und Parametrisieren der Behandlung

7.1.1 Wölbungen

1. Zeichnen des Ausprägungsprofils als Skizze

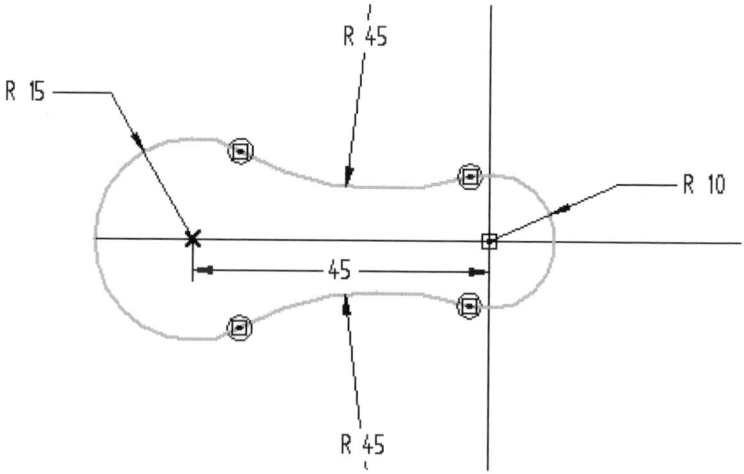

2. Ausprägung 

⇒ Aus Skizze wählen

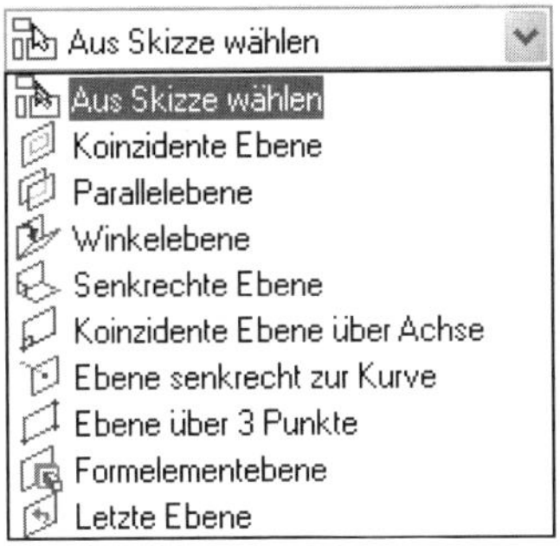

Skizze anwählen ⇒ Bestätigen 

3. Button „Nicht symmetrisches Abmaß“  ⇒ erster Abstand <50> ⇒Richtung wählen ⇒ zweiter Abstand <30> ⇒ entgegengesetzte Richtung anklicken

4. In Formatierungsleiste Ausprägung Behandlung  anklicken:

5. Button Wölbung anklicken

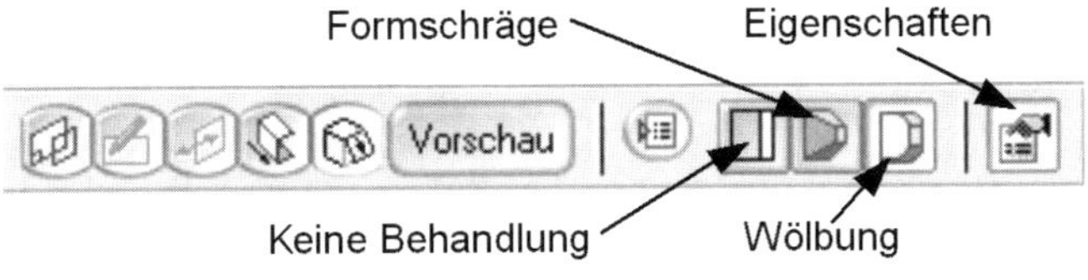

6. Button Eigenschaften erscheint ⇒ Eingaben gemäß Bild rechts (Richtung ist im Arbeitsfenster angegeben)

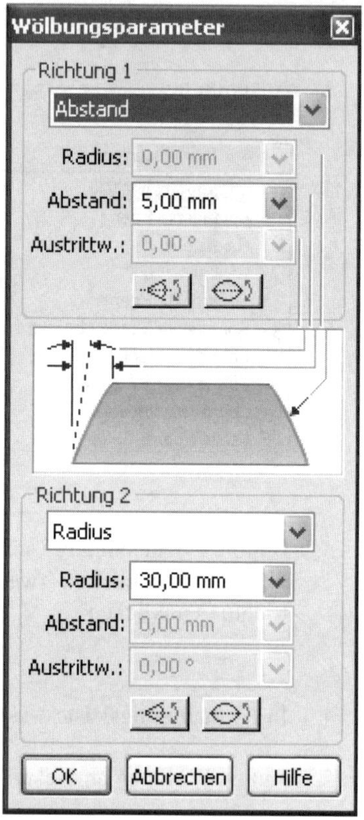

7. In Richtung 2 Seite umdrehen 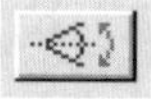

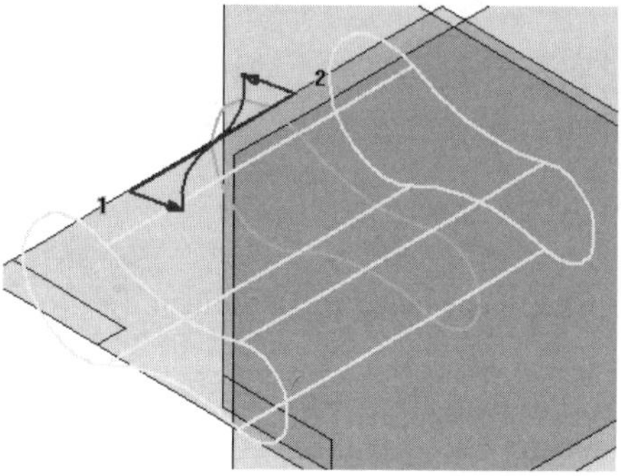

⇒ OK

8. VORSCHAU:

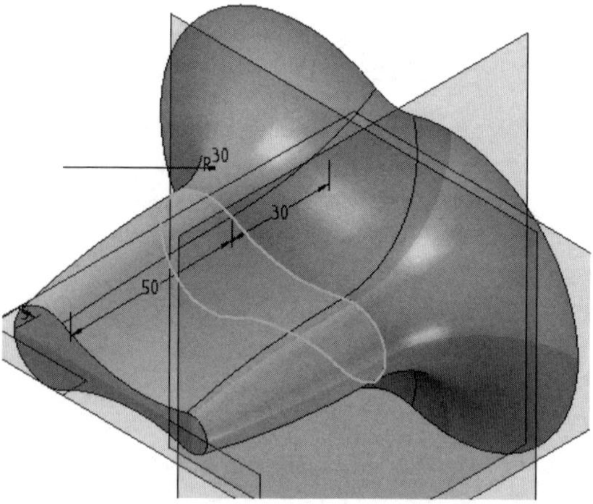

9. Fertig Stellen ⇒ Abbrechen

7.1.2 Formschrägen

1. Ausprägung mit Skizze aus 7.1.1
2. Nichtsymmetrische Ausprägung mit Werten aus 7.1.1
3. Formschrägeneigenschaften gemäß Bild ⇒ Winkel 1 umdrehen

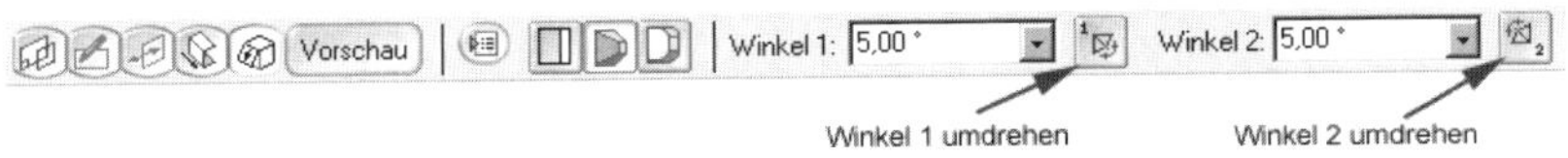

4. Vorschau ⇒ Fertig Stellen ⇒ Abbrechen

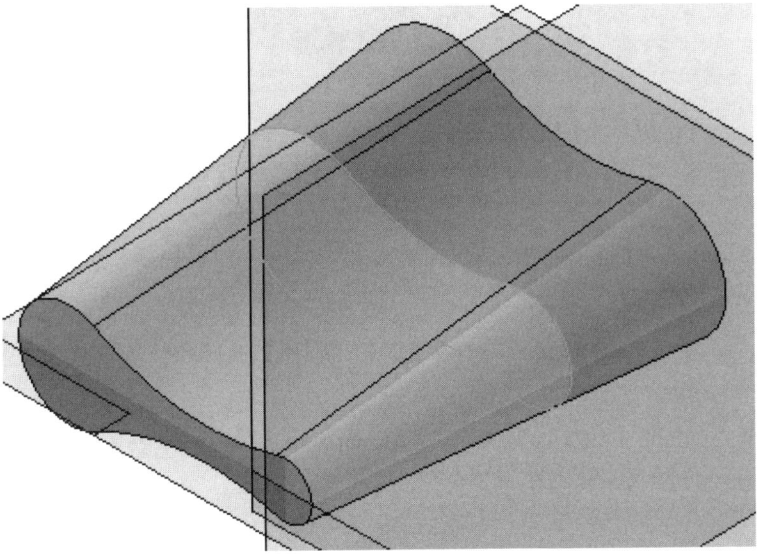

7.2 Dünnwandige Bauteile

1. Neue Datei <dünnwand.prt> erstellen
2. Erstellen einer Ausprägung mit Rundungen gemäß Bild:

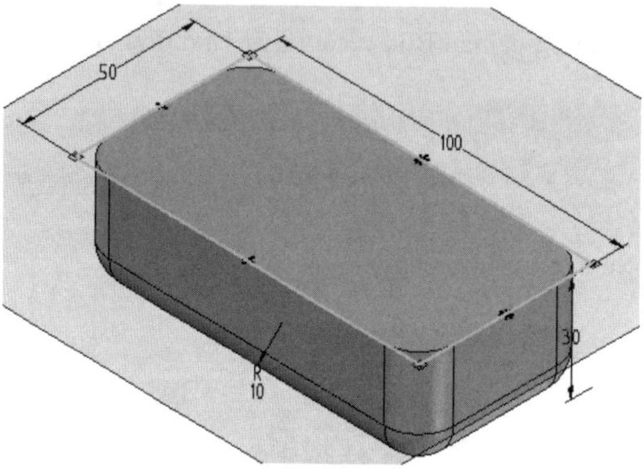

Alle Radien R10

3. Button Dünnwand 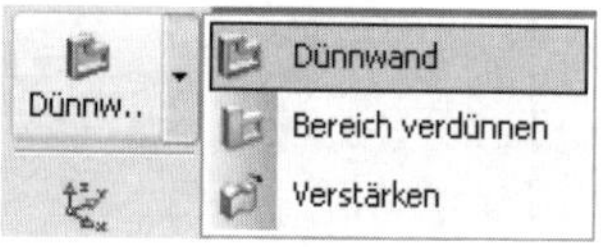

⇒ Wandstärke <2 mm> ⇒ 

4. Offene Teilfläche wählen ⇒ Akzeptieren  (oder Rechtsklick) ⇒ Vorschau ⇒ FERTIG STELLEN

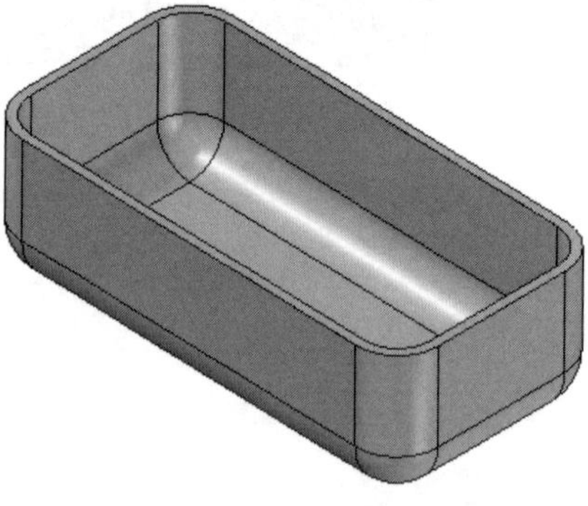

7.3 Spezielle Features

7.3.1 Rippen

Als Grundlage dient ein einfacher Winkel, ähnlich Kapitel 2.

1. Generieren des Winkels

2. Button „Rippe“ Formatierungsleiste:
3. Auswählen einer zum Winkel senkrechten Ebene
4. Zeichnen des Profils in dieser Ebene (siehe rechts)
5. Bestimmung der Ausbildungsrichtung (in Richtung Winkel) durch Linksklick

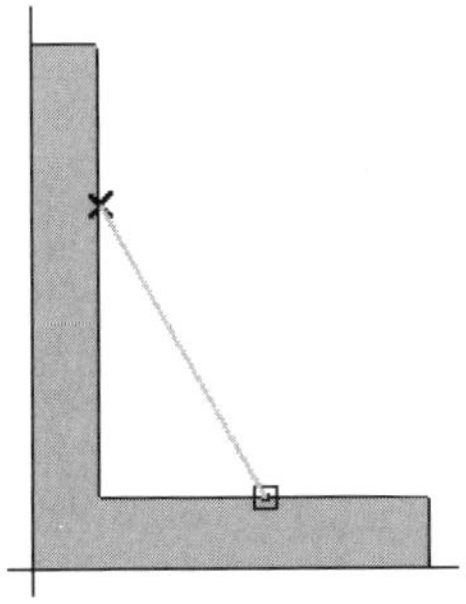

6. Eingabe der Rippenstärke 3,00 mm in der Formatierungsleiste

7. Bestimmung der Lage der Rippe (symmetrische Ausdehnung siehe Bild)
8. ⇒ FERTIG STELLEN

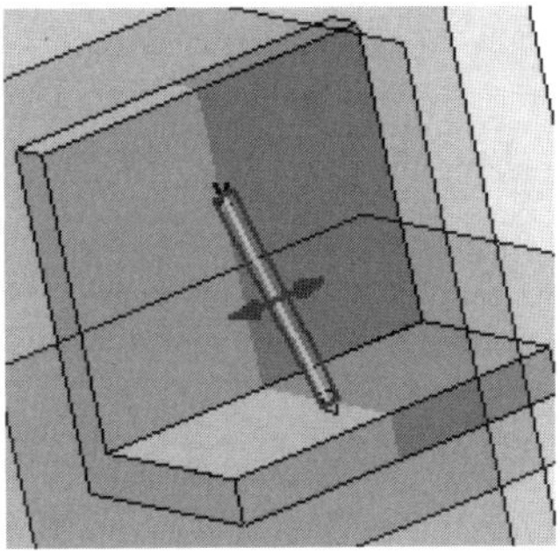

7.3.2 Versteifungsnetze

Als Grundlage dient die Datei <dünnwand.prt>

1. Button „Versteifungsnetz“

2. „Koinzidente Ebene“; dient als Referenzebene, die durch die Oberkante des Körpers gebildet wird (siehe Pkt.4)

3. Zeichnen des groben Musters des Versteifungsnetzes ⇒ ZURÜCK

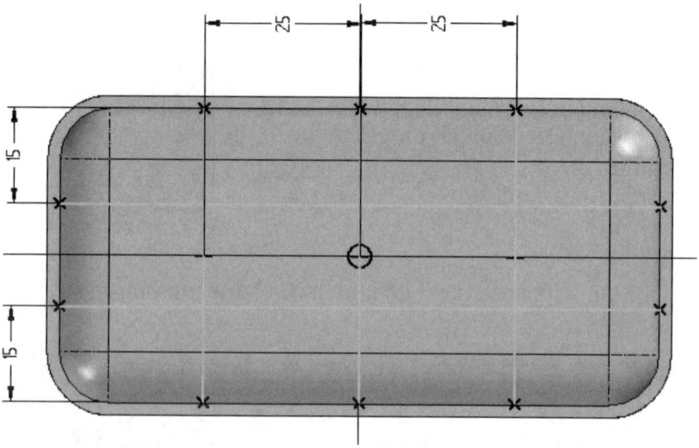

4. Eingabe der Stärke der Versteifung <1 mm>

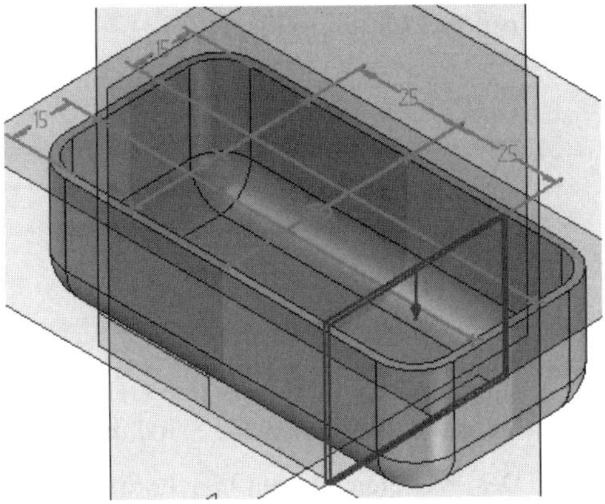

5. Bestimmen der Ausdehnungsrichtung des Versteifungsnetzes durch Linksklick
6. Durch Drücken des Button „Behandlung“  in der Formatierungsleiste können Formschrägen in der Versteifung hinzugefügt werden
7. Vorschau ⇒ FERTIG STELLEN ⇒ Abbrechen

7.3.3 Lüftungsgitter

Als Grundlage dient die Datei <dünnwand.prt>

1. Zeichnen einer Skizze der Lüftungsgitterstruktur in der Koinzidenten Ebene der Unterseite ⇒ ZURÜCK ⇒ FERTIG STELLEN

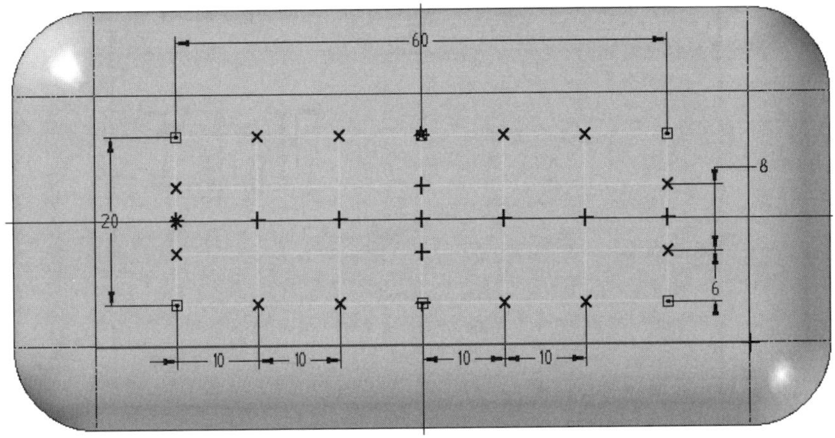

2. Button „Lüftungsgitter“

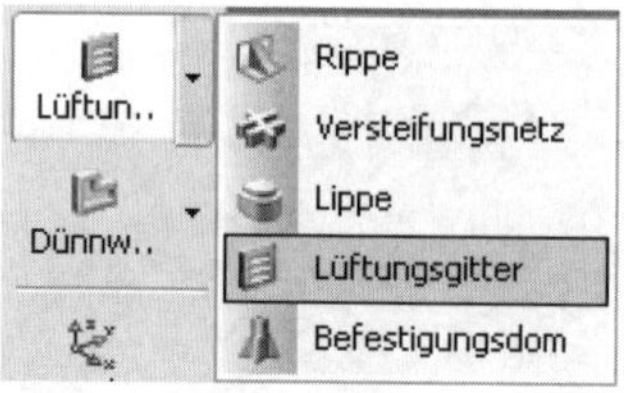

Eigenschaftsdialog öffnet

Rippenstärke (blau) <3 mm> Holmstärke (rot) <2 mm> Tiefen <2 mm> Gemäß der rechten Skizze sind die Maße ersichtlich.

Des Weiteren können hier Formschräge und Verrundungsradius angegeben werden

⇒ OK

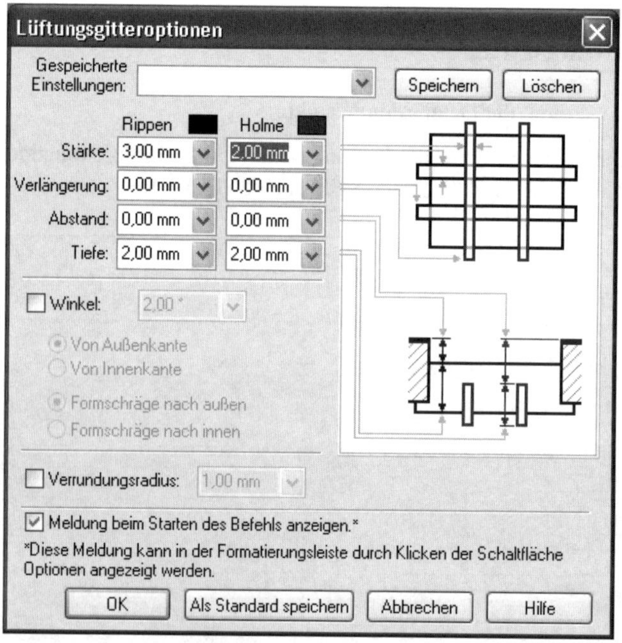

3. Umrandung der Skizze auswählen ⇒ Rippen auswählen ⇒ Holme auswählen jeweils Bestätigen 

4. Ausdehnungsrichtung durch Linksklick ⇒ FERTIG STELLEN ⇒ Abbrechen

7.3.4 Befestigungsdome

Grundlage kann eine beliebige Ausprägung sein

1. Button „Befestigungsdom“

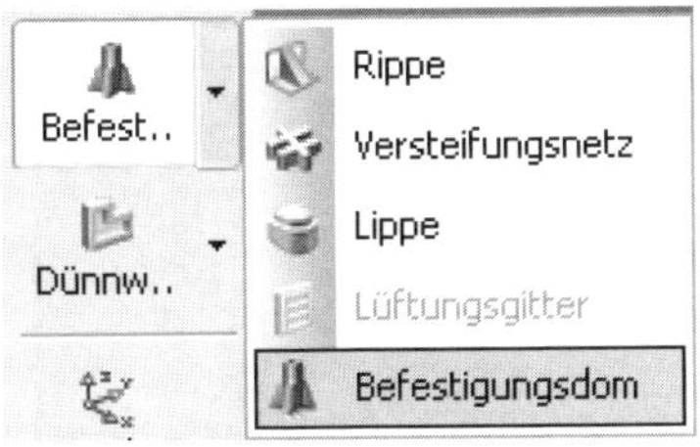

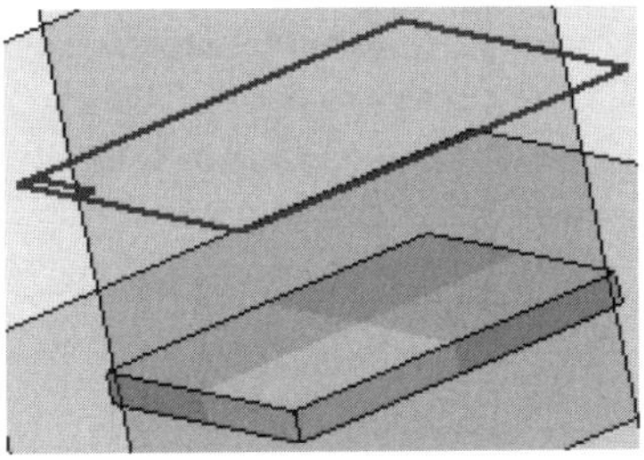

2. Parallelebene (öffnet sich automatisch) in der Länge des Domes entsprechender Entfernung von der Ausprägung erzeugen (siehe Bild)
3. Skizzenfenster öffnet sich ⇒ Dom(e) positionieren ⇒ ZURÜCK
4. Button Eigenschaften  ⇒ Fenster öffnet sich

Die Eintragungen sind in der nachfolgenden Skizze erklärt

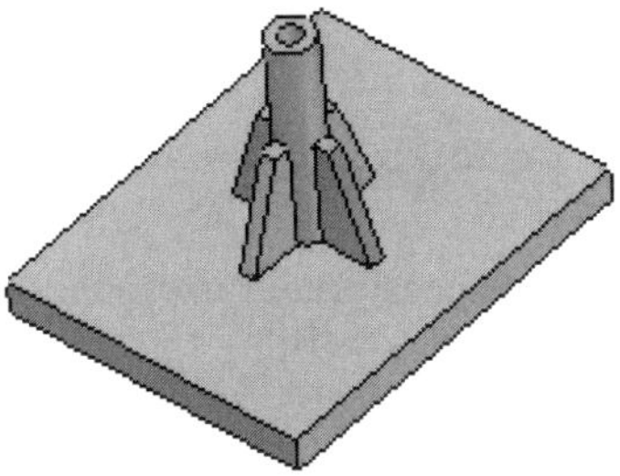

5. Eigenschaften eingeben ⇒ OK
6. Ausprägungsrichtung durch Linksklick
7. ⇒ FERTIG STELLEN
8. ⇒ Abbrechen

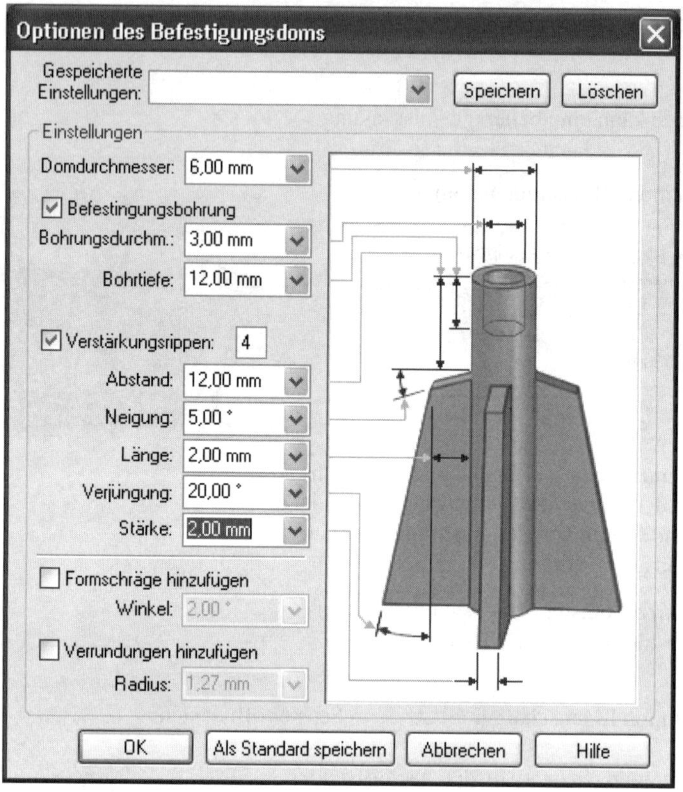

7.3.5 Lippen

Grundlage ist eine Ausprägung (siehe nebenstehendes Bild)

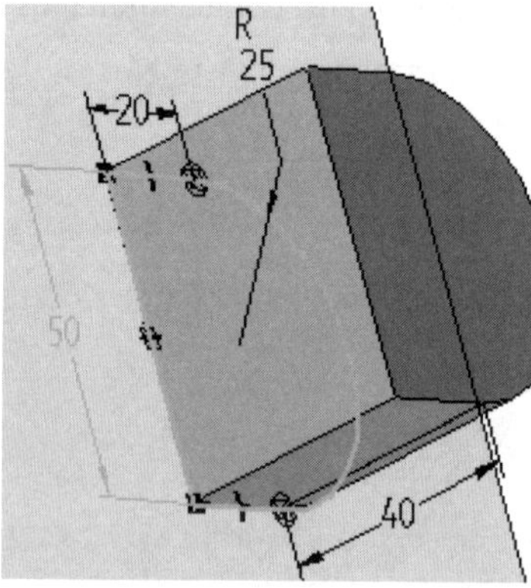

1. Button „Lippe“

2. Kante auswählen Bestätigen 

3. In Formatierungsleiste Breite und Höhe eingeben

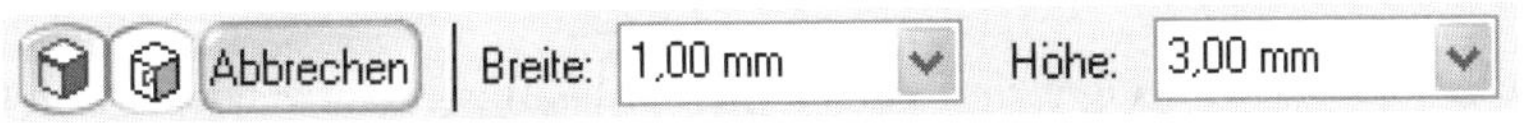

4. Ausrichtung der Lippe mit Linksklick festlegen

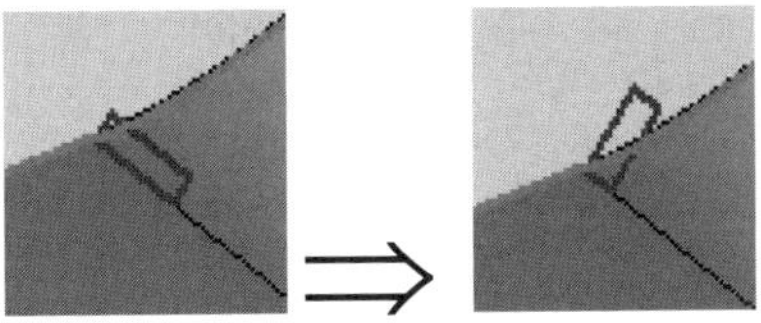

5. ⇒ FERTIG STELLEN ⇒ Abbrechen

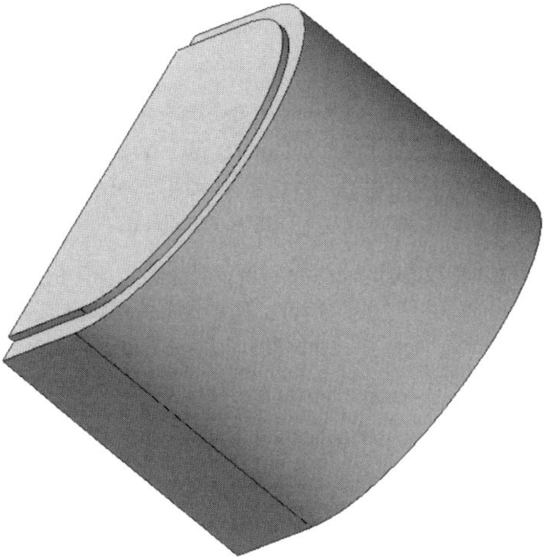

Musterlösungen zu Kontrollfragen in Kapitel 1

zu 1. Die Hauptsymbolleiste enthält die am häufigsten verwendeten Befehle für Windows- und Solid Edge-Funktionen

z.B.

– neue Datei	– Schattierung
– Datei öffnen	– Ausschnitt
– Datei speichern	– Vergrößern
– Drucken	– Drehen
– Ausschneiden	– Einpassen

zu 2. Mit Hilfe von Features (Formelemente) lassen sich Bauteile mit intelligenter Geometrie definieren. „Feature"– im Sinne der CAD-Anwendung – sind mit Attributen versehene komplexe CAD-Elemente. Diese Attribute können geometrische, technologische oder funktionale Eigenschaften zur Beschreibung eines realen Objektes (Werkstückteil) sein (z. B. Bohrungen, Gewinde).

zu 3. Ein 3D-Controller (Spacemouse) ist ein 3D-Eingabegerät, das die Bewegungen der „Kappe" in Translationen (X, Y und Z) und Rotationen (A, B und C) umwandelt. Auf diese Weise sind Bewegungen graphischer Modelle intuitiv in allen sechs Freiheitsgraden möglich.

zu4. Parameter sind der Durchmesser eines Kreises mit festgelegtem Mittelpunkt auf einer Ebene, welche mit ihrem Normalenvektor die Lage im Raum definiert, und die Höhe, beschrieben durch die Länge einer Strecke entlang dieses Normalenvektors.

zu 5. Die EdgeBar enthält Informationen über den Aufbau des Bauteils.

zu 6.

Anwendung	**Funktion**	**Dateierweiterung**
Solid Edge Draft	Zeichnungserstellung	.dft
Solid Edge Part	Einzelteilmodellierung	.par
Solid Edge Sheet Metal	Blechteilmodellierung	.psm
Solid Edge Assembly	Baugruppenerstellung	.asm

zu 7. Zur schnellen Änderung von Bauteilen können Definitionen von Skizzen oder Formelementen direkt geändert werden. Mit rechter Maustaste in der EdgeBar gibt es folgende Änderungsmöglichkeiten:

- Definition bearbeiten => hier können Optionen wie z. B. für Bohrungen angepaßt werden.
- Profil bearbeiten => hier können Ausprägungen und Skizzen geändert werden.

- Dynamisch bearbeiten => hier können Parameterwerte für Formelemente wie Fasen und Verrundungen anpasst werden.

Musterlösungen zu Kontrollfragen in Kapitel 2

zu 1. Ein Volumenkörper wird durch seine ihn umgebenden Grenzflächen bestimmt.

zu 2. In der 2D-Umgebung hat ein Kreis 2 Freiheitsgrade: seine Mittelpunktposition beschrieben durch 2 Freiheitsgrade, z. B. X-/Y-Koordinaten.

zu 3. Eine Skizze ist vollständig bestimmt, wenn alle Freiheitsgrade vergeben und weitere geometrische sowie dimensionale Bedingungen festgelegt wurden.

zu 4. Der Computer erkennt ein geschlossenes Volumen daran, dass die Summe der Flächenormalen von allen Flächen null ist. Die Flächennormalen zeigen hierbei in Richtung Material („nach innen").

zu 5. Skizzen können die Grundlage für verschiedene Operationen wie beispielsweise Extrusionen (Ausprägungen), Rotationen, Ausschnitte oder Rotationsausschnitte sein.

zu 6. Eine Bohrung wird in 3D definiert durch eine Kreisfläche im Raum und einer senkrechten Tiefe zu dieser Fläche. Eine weitere Bedingung ist, dass dieser Zylinder im Raum in ein Volumen hineinragt.

Musterlösungen zu Kontrollfragen in Kapitel 4

zu 1. Baugruppen (Assemblies (.asm)) entstehen durch Verknüpfen verschiedener Komponenten. Bei diesen kann es sich um Einzelteile, also Parts (.prt), oder Unterbaugruppen, also wiederum Assemblies (.asm). handeln.

zu 2. Ja, eine Baugruppe kann als Komponente in einer Hauptbaugruppe eingebaut werden. Dort stellt sie eine Unterbaugruppe der Hauptbaugruppe dar.

zu 3. Beim Bottom-Up Schema werden erst die Einzelteile einer Baugruppe modelliert und anschließend diese zur Baugruppe zusammengesetzt.

zu 4. Beim Blindflansch wurde die Konstruktionsmethode Top-Down verwendet. Hier wird von der Gesamtbaugruppe ausgegangen und die Einzelteile stückweise modelliert.

zu 5. Ein freier Körper hat im Raum 6 Freiheitsgrade: 3 translatorische und 3 rotatorische.

zu 6. Eine vollständig eingebaute Komponente hat keinen Freiheitsgrad, da alle durch Bedingungen festgelegt sind.

zu 7. Die Positionierungsmöglichkeiten einer Sechskantschraube sind:

- Aufsetzen des Schraubenkopfes (ebene Fläche auf ebene Fläche)
- Koaxialität des Bohrloches und des Schraubenschaftes
- Parallelität einer Seitenfläche des Schraubenkopfes zu einer ebenen Fläche

zu 8. In die Welle können Referenzebenen eingeblendet und diese zum Plazieren verwendet werden.

Sachwortverzeichnis